New Media

新媒体·新传播·新运营 系列丛书

剪映
手机短视频制作 全彩慕课版

尹涛 陈杰／主编　苏雅蓉 王语涵／副主编

人民邮电出版社

北　京

图书在版编目（CIP）数据

剪映：手机短视频制作：全彩慕课版 / 尹涛，陈
杰主编. -- 北京：人民邮电出版社，2023.4（2024.6重印）
（新媒体·新传播·新运营系列丛书）
ISBN 978-7-115-61177-2

Ⅰ. ①剪… Ⅱ. ①尹… ②陈… Ⅲ. ①视频编辑软件
Ⅳ. ①TP317.53

中国国家版本馆CIP数据核字(2023)第028055号

内 容 提 要

　　本书立足于行业应用，以案例为主导，以技能培养为中心，从手机短视频拍摄到剪映功能的使用，从短视频的剪辑流程和快剪到添加转场效果与特效，从短视频音频制作到添加字幕和贴纸，从短视频调色到短视频的优化和发布，系统地介绍了手机短视频制作的方法与技巧，帮助读者快速掌握各种实操技能与关键技法。

　　本书内容新颖，案例丰富，可作为高等院校相关课程的教学用书，还特别适合短视频创作者、Vlog拍摄者、手机摄影爱好者、自媒体工作者，以及想进入短视频领域的人员阅读。

◆ 主　　编　尹　涛　陈　杰
　　副 主 编　苏雅蓉　王语涵
　　责任编辑　连震月
　　责任印制　王　郁　彭志环

◆ 人民邮电出版社出版发行　　北京市丰台区成寿寺路 11 号
　　邮编　100164　　电子邮件　315@ptpress.com.cn
　　网址　https://www.ptpress.com.cn
　　中国电影出版社印刷厂印刷

◆ 开本：700×1000　1/16
　　印张：13.25　　　　　　　　2023 年 4 月第 1 版
　　字数：305 千字　　　　　　2024 年 6 月北京第 5 次印刷

定价：69.80 元

读者服务热线：(010)81055256　印装质量热线：(010)81055316
反盗版热线：(010)81055315
广告经营许可证：京东市监广登字 20170147 号

前言
Preface

　　短视频的出现使人们的视听内容发生了翻天覆地的变化，短视频成为当代人分享生活、发现世界的一种重要工具，同时也是企业进行品牌推广和信息传播的新渠道，而手机技术的不断革新降低了短视频制作的门槛，让越来越多的人加入短视频制作的行列。短视频给予每个参与者非常大的发挥空间，并成为一种新的社交语言。感兴趣的人自己动手制作短视频，已经不再是遥不可及的梦想。

　　尽管很多人都会拍摄短视频，但要想制作出优质的短视频并非易事，因为这不仅涉及取景、构图、运镜和转场等细节，还需要精心地进行后期剪辑，这样才能使短视频具有美感、节奏感和视觉冲击力。

　　本书通过理论与案例结合的形式，系统地向读者讲述了手机短视频拍摄、剪辑与发布的各种关键技法，用通俗易懂的语言深入浅出地介绍了那些看起来很高级的拍摄与后期制作技术，帮助读者创作出高水准的短视频。同时，本书引领读者从二十大精神中汲取砥砺奋进力量，并学以致用，以理论联系实际，推动新媒体行业高质量发展。

　　本书共分为10章，主要内容包括短视频快速入门、用手机拍摄短视频、短视频剪辑利器——剪映、短视频的剪辑流程和快剪、添加转场效果与特效、短视频音频制作、添加字幕和贴纸、短视频调色、短视频的优化和发布及手机短视频剪辑实训案例等。

　　本书主要具有以下特色。

　　● 强化应用、注重技能。本书突出了"以应用为主线，以技能为核心"的编写特点，体现了"导教相融、学做合一"的教学思想。

　　● 案例主导、学以致用。本书以移动端剪映为短视频制作平台，囊括了大量手机短视频制作的精彩案例，并详细介绍了案例的操作过程与方法技巧，使读者真正达成一学即会、融会贯通的学习效果。

　　● 图解教学、资源丰富。本书采用图解教学的体例形式，以图析文，让读者在实操过程中更直观地掌握手机短视频制作的流程、方法与技巧。同时，本书配有慕课视频，读者用手机扫描封面或书中二维码即可在线观看。除此之外，本书还提供配套PPT课件、电子教

前言
Preface

案、教学大纲、课程标准、案例素材等立体化的教学资源，选书老师可以登录人邮教育社区（www.ryjiaoyu.com）下载并获取相关教学资源。

● 全彩印刷、品相精美。为了让读者更清晰、更直观地了解手机短视频制作的过程和效果，本书特意采用全彩印刷，版式精美，让读者在赏心悦目的阅读体验中快速掌握手机短视频制作的各种关键技能。

本书由尹涛、陈杰担任主编，由苏雅蓉、王语涵担任副主编。尽管我们在编写过程中力求准确、完善，但书中难免存在不足之处，恳请广大读者批评指正。

编　者

2023年2月

目录
Contents

第1章　短视频快速入门 ……… 1

1.1　短视频概述 ……………………… 2
1.1.1　短视频的特点 …………… 2
1.1.2　短视频的发展 …………… 3
1.1.3　短视频的类型 …………… 4
1.1.4　主流短视频平台 ………… 6

1.2　短视频的制作流程 ……………… 7
1.2.1　确定选题 ………………… 8
1.2.2　构思内容创意 …………… 9
1.2.3　撰写脚本 ………………… 10
1.2.4　拍摄与剪辑短视频 ……… 11

课后练习 ……………………………… 11

第2章　用手机拍摄短视频 …… 12

2.1　手机短视频拍摄入门 …………… 13
2.1.1　如何拍出稳定的画面 …… 13
2.1.2　对焦与测光 ……………… 13
2.1.3　认识并设置视频拍摄
　　　　参数 ……………………… 15
2.1.4　拍摄辅助设备 …………… 17

2.2　短视频的拍摄场景与拍摄用光 … 20
2.2.1　短视频的拍摄场景 ……… 20
2.2.2　短视频的拍摄用光 ……… 21

2.3　短视频的拍摄构图 ……………… 22
2.3.1　横构图和竖构图 ………… 22
2.3.2　中心构图 ………………… 23
2.3.3　九宫格构图 ……………… 23
2.3.4　三分线构图 ……………… 24
2.3.5　对称构图 ………………… 24
2.3.6　框架构图 ………………… 24
2.3.7　对角线构图 ……………… 25
2.3.8　引导线构图 ……………… 25
2.3.9　三角形构图 ……………… 25
2.3.10　辐射构图 ……………… 26
2.3.11　建筑构图 ……………… 26
2.3.12　低角度构图 …………… 26

2.4　短视频的拍摄景别 ……………… 27
2.4.1　远景 ……………………… 27
2.4.2　全景 ……………………… 27
2.4.3　中景 ……………………… 28
2.4.4　近景 ……………………… 28
2.4.5　特写 ……………………… 28

2.5　短视频拍摄的运镜方式 ………… 29
2.5.1　推进运镜 ………………… 29
2.5.2　后拉运镜 ………………… 30
2.5.3　横移运镜 ………………… 30
2.5.4　摇动运镜 ………………… 30
2.5.5　跟随运镜 ………………… 31
2.5.6　环绕运镜 ………………… 32
2.5.7　升降运镜 ………………… 32

2.6　短视频拍摄的转场方式 ………… 32
2.6.1　方向转场 ………………… 33
2.6.2　遮罩转场 ………………… 33
2.6.3　形状转场 ………………… 33
2.6.4　运镜转场 ………………… 33
2.6.5　动作转场 ………………… 33
2.6.6　承接转场 ………………… 33
2.6.7　景物转场 ………………… 34
2.6.8　景别转场 ………………… 34

目录

Contents

2.6.9 硬切转场 ·················34

课后练习 ·························**34**

第3章 短视频剪辑利器
——剪映 ·················35

3.1 熟悉剪映的工作环境 ·········**36**

3.1.1 了解剪映的三大功能
模块 ·····················36

3.1.2 认识剪映的剪辑界面 ···36

3.1.3 理解时间轴中视频的
显示逻辑 ···············38

3.2 使用剪映的常用功能 ·········**39**

3.2.1 导入素材并调整播放
顺序 ·····················39

3.2.2 根据需要修剪素材时长···40

3.2.3 使用"变速"功能掌控
画面的快慢节奏 ········42

3.2.4 调整画面大小及方向以
丰富视频构图 ···········43

3.2.5 使用"定格"功能凝固
画面的精彩瞬间 ·········45

3.2.6 使用"复制"与"倒放"
功能制作有趣视频 ······46

3.2.7 设置画面比例和背景
样式 ·····················48

3.2.8 使用"替换"功能快速
生成新视频 ·············49

3.2.9 使用"画中画"功能
制作视频同框效果 ······51

3.2.10 使用"蒙版"功能
遮挡部分画面 ·········52

3.2.11 使用"混合模式"功能
进行画面融合 ·········53

3.2.12 使用"关键帧"功能
制作动画 ·············56

3.2.13 使用"抠像"功能进行
画面合成 ·············60

3.2.14 使用"动画"功能让
画面更具动感 ·········64

3.2.15 使用"防抖"和"降噪"
功能优化视频 ·········65

课后练习 ·························**66**

第4章 短视频的剪辑流程
和快剪 ·················67

4.1 短视频剪辑的思路 ···········**68**

4.1.1 Vlog剪辑思路 ···········68

4.1.2 旅拍类短视频剪辑思路···68

4.1.3 故事类短视频剪辑思路···69

4.1.4 美食类短视频剪辑思路···70

4.1.5 带货类短视频剪辑思路···70

4.2 短视频的基本剪辑流程 ·······**70**

4.2.1 粗剪视频 ···············71

4.2.2 添加音乐并精剪视频 ···74

4.2.3 添加转场和动画 ········78

4.2.4 视频素材调色 ···········80

4.2.5 添加字幕 ···············81

4.2.6 添加画面特效 ···········83

4.2.7 制作封面并导出 ········85

4.3 短视频的快剪 ···············**86**

4.3.1 使用"一键成片"功能···86

目录
Contents

4.3.2 使用"剪同款"功能 ……88
4.3.3 使用"图文成片"功能 …89
课后练习 ……………………………… 91

第5章 添加转场效果与
特效 ……………… 92

5.1 添加转场效果 …………… 93
5.1.1 使用自带转场效果 ……93
5.1.2 制作卡点动画转场效果 …95
5.1.3 制作水墨转场效果 ……97
5.1.4 制作擦除转场效果 ……98
5.1.5 制作线条分割转场效果 …99
5.1.6 制作抠像转场效果 …102

5.2 添加特效 ……………… 103
5.2.1 使用特效营造画面
氛围 ………………… 103
5.2.2 使用特效增强画面
节奏 ………………… 105
5.2.3 使用特效突出画面
重点 ………………… 107
5.2.4 使用特效制作特殊
画面效果 …………… 108
5.2.5 使用抖音玩法特效 …109
课后练习 ………………………… 111

第6章 短视频音频制作 ……112
6.1 选择背景音乐 ………… 113

6.2 添加与编辑背景音乐 …… 113
6.2.1 添加音乐库音乐 ……… 113
6.2.2 添加抖音音乐 ……… 115
6.2.3 添加本地音乐 ……… 116
6.2.4 编辑背景音乐 ……… 117

6.3 添加音效与配音 ……… 119
6.3.1 添加音效 ……………… 119
6.3.2 录制声音 ……………… 121
6.3.3 使用"文本朗读"添加
配音 ………………… 122

6.4 为"盛夏时光"视频添加
音频 ……………… 124
课后练习 …………………………… 127

第7章 添加字幕和贴纸 ……128
7.1 添加字幕 ……………… 129
7.1.1 添加标题并设置字体
样式 ………………… 129
7.1.2 应用花字样式 ……… 131
7.1.3 添加文本动画 ……… 132
7.1.4 应用文字模板 ……… 133
7.1.5 设置文字跟踪 ……… 134
7.1.6 自动识别字幕 ……… 134
7.1.7 制作字幕效果 ……… 136

7.2 添加贴纸 ……………… 139
7.2.1 添加内置贴纸 ……… 139
7.2.2 添加自定义贴纸 …… 141
课后练习 …………………………… 142

目录
Contents

第8章　短视频调色 ………… 143

8.1　使用视频滤镜 ………………… 144
　8.1.1　将滤镜应用到单个视频
　　　　素材 ………………… 144
　8.1.2　将滤镜应用到某个视频
　　　　片段 ………………… 144

8.2　不同短视频的调色技巧 ………… 146
　8.2.1　使用剪映的调色功能 … 146
　8.2.2　美食短视频调色 ……… 150
　8.2.3　小清新短视频调色 …… 151
　8.2.4　夕阳风光短视频调色 … 152
　8.2.5　夜景短视频调色 ……… 153
　8.2.6　复古怀旧风短视频
　　　　调色 ………………… 155
　8.2.7　青绿色色调短视频
　　　　调色 ………………… 156

课后练习 ……………………… 159

第9章　短视频的优化和
　　　　发布 ………………… 160

9.1　短视频的优化策略 …………… 161
　9.1.1　优化短视频封面 ……… 161
　9.1.2　优化短视频片头/片尾 … 162
　9.1.3　优化短视频标题 ……… 165
　9.1.4　添加话题标签 ……… 166
　9.1.5　优化短视频发布时间 … 167

9.2　将短视频发布到抖音 ………… 167
　9.2.1　抖音审核机制 ……… 167
　9.2.2　抖音推荐算法 ……… 168
　9.2.3　如何提高账号权重 …… 169
　9.2.4　发布抖音短视频 ……… 169

课后练习 ……………………… 173

第10章　手机短视频剪辑
　　　　实训案例 ………… 174

10.1　剪辑音乐情绪短视频 ………… 175
　10.1.1　剪辑视频素材 ……… 175
　10.1.2　设置视频转场效果 …… 177
　10.1.3　添加滤镜 ………… 179
　10.1.4　添加字幕 ………… 180

10.2　剪辑美食探店短视频 ………… 182
　10.2.1　整理素材文件 ……… 182
　10.2.2　剪辑店招和店名
　　　　素材 ………………… 185
　10.2.3　剪辑店内环境素材 …… 188
　10.2.4　剪辑美食素材 ……… 192

10.3　剪辑好物推荐短视频 ………… 195
　10.3.1　粗剪视频 ………… 195
　10.3.2　添加音频并精剪
　　　　视频 ………………… 197
　10.3.3　视频调色 ………… 200
　10.3.4　添加字幕 ………… 202

课后练习 ……………………… 204

第1章
短视频快速入门

【学习目标】

➤ 了解短视频的特点、发展、类型和主流平台。
➤ 熟悉短视频的制作流程。

【技能目标】

➤ 能够进行短视频选题和内容创意构思。
➤ 能够撰写短视频脚本。

【素养目标】

➤ 正确看待与利用短视频，不沉迷，不借其消磨时光，从短视频中汲取营养。
➤ 培养自己的创新思维，敢于实践，不断提升个人的创造力。

随着移动设备的普及和互联网的发展，短视频成为互联网内容的重要传播形式，学习和掌握短视频的制作已经成为互联网从业人员需要具备的重要技能。本章将简要介绍短视频的特点、发展、类型、主流平台和制作流程，使读者对短视频有一个初步的认识。

1.1 短视频概述

短视频即短片视频，是一种互联网内容传播方式，一般指在互联网上传播的时长在5分钟以内的视频。随着移动终端的普及和网络的提速，短、平、快的大流量传播内容逐渐获得各大平台、粉丝的青睐。

↘ 1.1.1 短视频的特点

短视频是人们日常休闲娱乐、社交和信息交互的主要工具，深受用户喜爱，近年来短视频用户规模持续增长。第49次《中国互联网络发展状况统计报告》显示，截至2021年12月，在网民中，即时通信、网络视频、短视频用户使用率分别为97.5%、94.5%和90.5%，用户规模分别达10.07亿、9.75亿和9.34亿。

由数据可知，短视频已经成为移动互联网主流的内容形态之一，从互联网平台到内容创业者，再到普通用户，短视频已经成为信息时代的标配。

短视频的主要特点如下。

1. 时长较短，碎片化浏览

短视频的时长一般为15秒～5分钟，其展示出来的内容大多是精华，尤其要在开头的前3秒就吸引用户的注意力。在快节奏的生活中，短视频符合用户碎片化的阅读习惯，用户可以随时随地浏览短视频，时间成本较低。

2. 内容多样，审美多元化

短视频的内容表现形式是多元化的，有技能分享、幽默搞怪、时尚潮流、社会热点、街头采访、公益教育、广告创意、商业定制等内容，符合用户个性化和多元化的审美需求。

3. 制作简单，生产大众化

短视频的制作门槛较低，生产流程简单，只利用一部手机就可以实现短视频的拍摄、剪辑、发布和分享。如今大多数短视频App都自带滤镜和特效功能，且简单易学、使用门槛较低，所以短视频内容呈现出生产大众化的特点。

4. 传播迅速，裂变式分享

短视频传播门槛低，具有多种多样的传播渠道，除了可以在短视频平台上传播外，还可以通过微博、微信朋友圈或视频号等进行分享，汇聚更多的流量，推动传播范围进一步扩大，从而实现短视频内容的裂变式传播。

5. 交互简单，社交性较强

用户不仅可以在各种平台上发布自己制作的短视频，还可以观看他人制作的短视频，并进行点赞与评论，因此短视频具有较强的交互性和社交性。

6. 观点鲜明，更易被接受

现在人们在浏览信息时追求短、平、快，因为短视频包含的信息开门见山、观点鲜明、内容集中，所以很容易吸引用户，并被用户理解与接受，信息传达更直接，用户接受度更高。

7. 目标精准，指向性更强

短视频平台通常会设置搜索框，并优化搜索引擎，而用户一般会在平台上搜索关键词。这一行为使得短视频营销更加精准，可以使短视频准确地找到目标受众，使短视频营销的指向性更强。

↘ 1.1.2　短视频的发展

下面从发展阶段、发展驱动因素和发展趋势3个方面来介绍短视频的发展情况。

1. 发展阶段

我国短视频的发展可以大致分为导入期、成长期、爆发期和成熟期4个阶段。

（1）导入期（2011—2012年）

2011年3月，GIF快手上线，其最初只是一款用来制作、分享GIF图片的App。2012年11月，GIF快手从纯粹的工具应用转型为短视频社区，用于记录和分享生活。这时的快手短视频给人们带来了一些新奇的体验，逐渐被人们接受，但此时短视频还没有形成市场规模，短视频发展还在萌芽阶段。

（2）成长期（2013—2015年）

在这一阶段，以创业、新生公司为主的短视频内容生产及聚合平台开始遍地开花，美拍、秒拍、小咖秀等短视频平台逐渐被互联网用户接受。从用户及流量趋势的角度来看，2014年我国移动端网络视频用户为3.13亿，移动端网络视频用户占网络视频用户比例升至72.2%；2015年各项数据迅速提升，我国移动端网络视频用户达4.05亿，移动端网民渗透率达65.4%，移动端网络视频用户占网络视频用户比例高达80.4%。

（3）爆发期（2016—2017年）

随着流量资费大幅下降和内容分发效率的提高，短视频用户数量呈规模化大幅上升，流量红利明显，短视频正式步入发展快车道。以抖音、快手为代表的短视频App获得资本的青睐，各大互联网公司围绕短视频领域展开争夺。

总的来说，2016—2017年是我国短视频行业App上线数量爆发期，老牌产品势头不减，新产品频出，两年间上线的短视频App数量多达235款。在诸多短视频App中，又以抖音和快手为首，形成"南抖音北快手"的局面；娱乐类型产品居多，多元化与垂直化逐渐成为趋势。

（4）成熟期（2018年至今）

在这一阶段，短视频逐渐告别流量红利期，行业监管制度逐渐完善，短视频行业朝着内容精细化、竞争趋于稳定、商业变现模式逐步成熟、社交功能不断强化的方向快速发展，争夺用户使用时长并加强内容变现能力成为平台发力的重点。

2. 发展驱动因素

短视频之所以能够获得如此迅猛的发展，主要是受到各方面因素的共同驱动。短视频发展的驱动因素主要有以下几个。

● 国家相关部门及社会各界规范和监督短视频的发展，行业标准不断完善，这促进了短视频行业的良性发展。

● 新技术、新应用推动了短视频内容向智能化发展。

● 以大数据和智能算法为基础，短视频的精准分发被广泛应用。大数据的积累使短视频平台能够更好地匹配短视频和目标用户。

● 随着移动互联网的发展，流量资费下降，网速提升很快，流量充沛。

● 随着生活节奏的不断加快，用户充分利用碎片化时间的需求不断增加。

3. 发展趋势

短视频的发展趋势如下。

● 未来几年，优质的内容仍是短视频产业长远发展的关键所在。短视频运营企业的发力点应当是运用各种有效措施，鼓励用户多产出内容好、质量高、吸引人的优秀作品。无论是平台企业，还是个人用户，只有不断地产出优质内容，才能赢得长久关注。

● 短视频运营企业的关注点不能仅仅是年轻消费群体，庞大的中老年群体也有视听及消费需求，所以平台在短视频创作者分类和内容产出上应当做好顶层设计，细分出合理的、差异化的短视频垂直内容板块，并鼓励个人及企业用户创作出适合各个年龄层次与群体的产品。

● 充分利用5G、大数据、人工智能等前沿技术，通过信息流算法优化使短视频传播更迅速、精准、垂直和智能化，从而不断增强短视频的传播力与竞争力，更好地满足用户在碎片化时间里获取知识信息及休闲娱乐的需求，进一步降低用户的筛选成本。

● 短视频产业与互联网电商的深度融合将是下一个发展蓝海。从目前的情况来看，除了广告外，互联网电商是实现流量变现较直接也是较为成熟的途径之一。

↘ 1.1.3 短视频的类型

按照短视频的展现形式，其可以分为以下几种类型。

1. 娱乐剧情类

目前很多人看短视频为的是娱乐消遣、排解压力、放松心情，所以娱乐剧情类的短视频内容占比很大。娱乐剧情类的短视频主要有情景剧、脱口秀等，以贴近人们生活的方式拍摄，不仅能使用户放松心情，还可以激发用户的情感共鸣。

2. 人物出镜讲解类

人物出镜讲解类多见于知识类短视频，如讲解百科知识、历史知识、行业知识等的短视频。很多"种草"类短视频或测评类短视频采用的也是这种形式。图1-1所示为抖音平台某测评博主发布的测评类短视频。

3. 展示才艺类

短视频创作者可以展示其他人可能没有的才艺，如唱歌、跳舞、演奏乐器、展示厨艺、健身运动、冷门绝活儿等。这样不但可以满足用户的好奇心，使其充满钦佩感，而且互动性极强，会促使很多用户模仿和学习。图1-2所示为某抖音账号发布的两个小女孩打架子鼓的短视频。

图1-1　人物出镜讲解类

图1-2　展示才艺类

4．动画类

动画类短视频与真人视频相比，IP（Intellectual Property，知识产权）形象更容易打造，可以创作的内容形式更丰富多样，受到场景的限制较小。例如，某抖音账号就塑造了4只个性鲜明的兔子IP形象，如图1-3所示。

5．人物访谈类

人物访谈类短视频的内容主要是采访他人，互动性强，话题丰富，很多话题会引起热议，从而促使用户评论与转发。人物访谈类短视频内容分为两种，一种是采访行业的关键意见领袖（Key Opinion Leader，KOL），另一种是在街头采访路人。图1-4所示为某街访账号采访者在路上随机采访两个男生。

图1-3　动画类

图1-4　人物访谈类

6．录屏解说类

录屏解说类短视频的内容主要是影视剧解说、产品功能介绍，虽然简单明了、清晰易懂，但短视频的互动性不足。

7．技能干货类

技能干货类短视频一般会为用户展示一些生活小窍门、提升办公效率的技巧等，可以解决用户在生活中遇到的各种问题。这类短视频的节奏较快，剪辑风格明快，语言风趣幽默，能够给用户留下深刻的印象。例如，某抖音账号在某个短视频中展现了职员完成Excel表格制作的痛点场景，接着展示了如何快速完成表格合并，如图1-5所示。

图1-5　技能干货类

8. 文艺清新类

这类短视频主要针对文艺青年，多呈现生活、风景、文化、习俗、传统等内容，风格类似于纪录片或微电影，画面文艺优美，色调清新淡雅。这类短视频的粉丝黏性较强，变现能力也较强。

9. 温馨治愈类

这类短视频主要依靠温馨、美好、有趣的画面来吸引用户，内容多是可爱的婴幼儿、小宠物等，可以触及用户柔软的内心，让用户实现"云养娃""云养宠"，从而吸引其反复观看并分享与传播。例如，某抖音账号经常发布宠物猫的日常生活，吸引了很多用户观看和评论，如图1-6所示。

图1-6　温馨治愈类

↘ 1.1.4　主流短视频平台

随着短视频行业的持续发展，短视频已经成为新媒体流量的重要入口和发展风口，与此同时也出现了一大批短视频平台。目前，主流短视频平台主要有抖音、快手、微信视频号、哔哩哔哩等。

1. 抖音

抖音隶属于北京抖音信息服务有限公司，最开始是一款音乐创意短视频社交软件，于2016年9月上线，是帮助用户表达自我、记录美好生活的音乐短视频平台。在抖音上，用户可以自由选择背景歌曲，拍摄原创短视频。

抖音除了最基本的浏览视频、录制视频的功能外，为了避免人们长时间观看短视频而出现审美疲劳，还推出了直播、电商等功能，不断探索新的商业模式。目前抖音的日活跃用户数已经突破6亿，这标志着它已成为高流量的短视频平台，自身的品牌影响力日益增大。

抖音具有以下特点：采取霸屏阅读模式，降低用户注意力被分散的概率；没有时间提示，用户在观看短视频时很容易忽略时间的流逝；默认打开"推荐"页面，用户只需用手指轻轻一划，系统就会播放下一条短视频，打造沉浸式娱乐体验；利用智能算法，基于用户过去的观看行为构建用户画像，形成个性化推荐机制。

2．快手

快手是北京快手科技有限公司旗下的短视频软件，其前身是GIF快手，创建于2011年3月，是用于制作和分享GIF图片的一款App。2012年11月，GIF快手从纯粹的应用工具转型为短视频社区，定位为记录和分享生活的平台，并于2013年正式更名为快手。

2022年5月，快手发布了2022年第一季度财报。财报显示，2022年第一季度快手平均日活跃用户数为3.46亿，同比增长17%；平均月活跃用户数为5.98亿，同比增长15%，用户留存率持续升高。

快手在发展过程中并没有采取以名人和KOL为中心的战略，而采用去中心化的普惠分发方式，目的是让平台上的所有人都敢于表达自我。快手依靠短视频社区自身的用户和内容运营，聚焦于打造社区文化氛围，依靠社区内容的自发传播，促使用户数量不断增长。

快手具有以下特点：平台定位为记录、分享和发现生活的平台；用户自我展现意愿强烈，有较强的好奇心，以二线、三线城市和乡村用户为主；私域流量渗透率高，维持在70%以上，也就是每天会有70%的用户在私域页面与主播联动、浏览短视频创作者发布的内容。

3．微信视频号

微信视频号是腾讯公司官微于2020年1月22日正式宣布开启内测的平台。微信视频号不同于订阅号、服务号，它是一个全新的内容记录与创作平台。

微信视频号成为微信生态重要的链接板块，打通了原本零散的公众号、朋友圈、小程序、小商店、直播等产品矩阵，使其相互链接导流。以微信视频号为核心的微信生态形成了更强大的生态体系，为短视频营销带来新一波的红利。

2020年年底，微信视频号密集更新产品功能，已经完成短视频产品基建，形成初步内容生态体系及广告、电商带货、直播付费等商业模式。截止到2022年6月，微信视频号已经拥有8亿日活跃用户数，用户日均使用时长为35分钟，微信月活跃用户数超过12亿，这意味着大多数的微信用户习惯每天打开微信视频号入口刷短视频。

微信视频号具有以下特点：社交分发和个性化推荐相结合，以社交分发为主；信息多向传播，微信视频号可以插入公众号内容，为公众号导流，也可通过公众号为微信视频号导流；与微信融为一体，公域流量转化为私域流量的难度较小。

4．哔哩哔哩

哔哩哔哩现为国内年轻用户高度聚集的文化社区和视频平台，于2009年6月创建。哔哩哔哩最初专注于垂直细分的二次元领域，渐渐发展为多领域的短视频与长视频综合平台。哔哩哔哩2022年第一季度财报显示，哔哩哔哩的平均月活跃用户数达2.94亿，其中移动端用户数为2.76亿，用户日均使用时长达95分钟。

哔哩哔哩具有以下特点：用户群体以"90后""00后"为主，且用户的忠实程度非常高；用兴趣链接用户，以视频的信息载体加深彼此关系；依靠不同的品类内容吸引不同用户，让"短视频+长视频"成为短视频创作者传递价值的通用形式。

1.2　短视频的制作流程

短视频的制作流程大致包括确定选题、构思内容创意、撰写脚本、拍摄与剪辑短视频。

↘ 1.2.1 确定选题

确定选题是短视频制作流程的第一步，不管短视频的选题属于哪一领域，选题策划都要遵循以下原则。

● 要"贴地"。选题内容要坚持用户导向，以用户需求为前提，不能脱离用户。要想使短视频有高播放量，就要先考虑到用户的喜好和痛点，往往越贴近用户的内容越能得到他们的认可，从而提高短视频的完播率。

● 有价值。选题内容要对用户有价值，能够满足用户的需求，解决用户的痛点，这样才能使用户有传播的欲望，触发用户的点赞、评论、转发等行为，从而实现内容的裂变传播。

● 要匹配。选题内容要和账号定位有关联、相匹配、有垂直度，以提升短视频账号在专业领域的影响力，更好地塑造IP形象，这样才能吸引精准用户，同时增强用户的黏性。

具体来说，确定短视频选题的方法主要有以下4种。

1. 围绕垂直领域的关键词扩展和细化

短视频创作者可以围绕确定的垂直领域进行关键词的扩展和细化，从而形成系列化选题。例如，美妆类账号可以选择"化妆与护肤"领域内的关键词进行扩展和细化，具体为"怎样画眼影、画腮红？""如何美白和保湿？""哪个色号的口红最好看？""敷面膜时要注意什么？"等。

短视频创作者可以运用九宫格创意法来对关键词进行扩展。九宫格创意法是一种有助于拓展思维的思考策略，使用方法为将主题写在九宫格中央，然后把由主题引发的各种想法或联想写在其余的8个方格内。

例如，在创作阅读类短视频时，我们以读书为核心，列出核心的场景，包括读书的作用、书籍推荐、观点讨论、学科、写作、图书行业、读书技巧、阅读场景等，如图1-7所示，再围绕8个核心场景延伸出更细分的场景。

读书的作用	书籍推荐	观点讨论
学科	读书	写作
图书行业	读书技巧	阅读场景

图1-7　九宫格创意法示例

● 读书的作用：减少孤独、学习知识、修身养性、娱乐身心。

● 书籍推荐：流行文学、经典读物、漫画、绘本、教材。

● 观点讨论：根据讨论的各种观点引出相关书籍。

● 学科：数学、历史、英语、地理、生物。

● 写作：写作技巧、读书和写作的关系。

● 图书行业：出版社、作者、编辑、校对。

● 读书技巧：略读、速读、跳读、精读、主题阅读。

● 阅读场景：图书馆、书店、客厅、图书批发市场。

围绕领域关键词进行扩展和细化的选题方法可以帮助短视频创作者系列化地产出内容，扩展内容创意的范围，对用户形成长期的吸引力，大幅增强用户的黏性。

2. 结合热点确定选题

短视频创作者要提升自身对网络热点的敏感度，善于捕捉并及时跟进热点。根据热点制作出来的短视频可以在短时间内获得大量的流量，快速提高短视频的播放量。

短视频创作者在结合热点进行选题时，要实时关注网络热点排行榜，如抖音热榜、微博热搜、百度热搜等，也可关注飞瓜数据等第三方数据平台上的热点内容。

3. 从评论区收集用户想法

评论是短视频创作者与用户有效交流的渠道，可以折射出用户的很多态度，如赞同、反对、质疑或者提出新的问题，这些都可以发掘为短视频的素材。因此，短视频创作者可以从自己的短视频账号评论或竞争对手账号评论中收集用户的想法，构思有价值的选题以增强短视频的互动性，丰富短视频的内容。

4. 搜索关键词收集有效信息

在寻找选题时，短视频创作者可以使用不同的搜索引擎搜索关键词，常用的搜索引擎有百度、微博搜索、微信搜一搜、头条搜索等，然后对收集到的有效信息进行提取、整理、分析与总结，进而确定有价值的短视频选题。

↘ 1.2.2　构思内容创意

在确定选题后，短视频创作者还要精心打造高质量的短视频内容，满足用户的观看需求，这样才有可能让短视频成为爆款。打造高质量短视频内容，构思优质内容创意的方法如下。

1. 保证内容垂直化

如今短视频行业已经由"野蛮生长"走向"精耕细作"，用户更愿意观看专业化和垂直化的优质内容。这就要求短视频创作者专注于某一垂直领域持续深耕，输出独特的内容，为用户提供有价值的信息，提高自身账号的辨识度，持续吸引该领域的目标用户。

专业化的内容更具生命力和吸引力。由于人的精力和时间有限，短视频创作者只有深耕于某一垂直领域，才能有源源不断的素材，用更少的精力创作出更专业、更有价值的内容，进而增强用户的黏性，构建更为稳固的用户群体模式，最终形成IP。

2. 坚持内容原创

短视频平台鼓励原创，并会给原创内容分配更多的流量，因此原创内容才有未来，短视频创作者应着力提高短视频内容的原创度。

短视频创作者要做好知识储备和积累，融会贯通，对各种事件发表自己的独特见解，拍摄素材时尽量与同类短视频呈现出差异。如果是热门素材，比如到热门旅游景点拍摄，素材可能会雷同，短视频创作者可以在剪辑过程中添加不一样的转场、背景音乐并搭配独特的解说，从而创作出原创度更高的优质作品。

要想持续产出高质量的原创短视频，短视频创作者要打造有创造力的团队，引进优秀人才，比如编剧和策划，在拍摄前想出好的创意，并将其与内容融合。团队可以每周开一次选题会，大家一起进行头脑风暴，发散思维，串联起片段式的想法，形成新的创意，从而持续产生新的选题。团队还可以创建素材库，将收集到的创意素材储存在素材库中，等需要类似创意时团队可以直接取用，进行创造性加工，从而完成最终的创意内容。

3. 为用户提供价值

人们一般只关注对自身有价值的内容，所以短视频创作者在构思短视频时要为用户提供价值。短视频内容的价值主要体现在以下4个方面，如图1-8所示。

提供知识
提供的知识要实用、专业、易懂，让用户一看就懂，便于实践

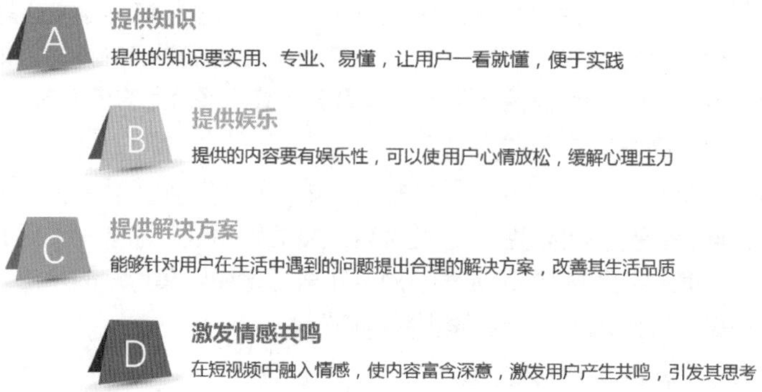

提供娱乐
提供的内容要有娱乐性，可以使用户心情放松，缓解心理压力

提供解决方案
能够针对用户在生活中遇到的问题提出合理的解决方案，改善其生活品质

激发情感共鸣
在短视频中融入情感，使内容富含深意，激发用户产生共鸣，引发其思考

图1-8　为用户提供价值

4. 讲述精彩故事

短视频创作者要善于讲故事，以故事阐述观点。精彩的故事可以给用户带来生动形象的体验，潜移默化地占领用户心智，从而提升短视频的竞争力。

短视频创作者要想使短视频中的故事更精彩，可以采用以下创意策略。

● 强化角色个性。要想在有限的时间内打动人心，就要强化角色个性，让主要角色和次要角色形成鲜明的个性冲突，增强剧情的对比效果和代入感，让用户对故事产生深刻的印象。

● 设置矛盾冲突。在故事中设置矛盾冲突会增加戏剧性，使故事更有吸引力，并突出人物性格，塑造丰满的人物形象。短视频创作者可以通过人物性格来制造矛盾，也可以通过成功与失败、得到与失去的对比来设置冲突，还可以通过善与恶的对立来设置冲突。

● 设置转折点。巧妙地设置转折点可以使短视频的剧情跌宕起伏。转折点的设置要有新意，不能按常理出牌，既要出乎意料，又要在情理之中，符合人物角色的特征。

● 设置悬念。在短视频中设置悬念可以让用户迫不及待地关注后面的剧情。设置悬念的方法有4种：一是使用倒叙手法，让用户带着疑问和好奇心看下去；二是设置疑问，引导用户进行深层次的思考；三是制造误会和猜疑，使用户对误会产生的原因和真相有所好奇；四是制造巧合，使用户对人物之间的巧合和接下来会发生的事情产生好奇，从而继续观看。

1.2.3 撰写脚本

短视频脚本是短视频创作的灵魂，是短视频的拍摄大纲和要点规划，用于指导整个短视频的拍摄方向和后期剪辑，具有统领全局的作用。虽然短视频的时长较短，但优质短视频的每一个镜头都是经过精心设计的。撰写短视频脚本可以提高短视频的拍摄效率与拍摄质量。

短视频脚本大致可以分为3类：拍摄提纲、分镜头脚本和文学脚本。具体的脚本类型可以依照短视频的拍摄内容而定。

1. 拍摄提纲

拍摄提纲是指短视频的拍摄要点，它只对拍摄内容起提示作用，适用于一些不易掌握和预测的拍摄内容。

拍摄提纲的写作主要分为以下几步。

（1）明确短视频的选题、立意和创作方向，确定创作目标。

（2）呈现选题的角度和切入点。

（3）阐述不同短视频的表现技巧和创作手法。

（4）阐述短视频的构图、光线和节奏。

（5）呈现场景的转换、结构、视角和主题。

（6）完善细节，补充音乐、解说、配音等内容。

2. 分镜头脚本

分镜头脚本包含的内容十分细致，每个画面都要在短视频创作者的掌控之中，包括每个镜头的长短、细节等。分镜头脚本既是前期拍摄的依据，也是后期制作的依据，还可作为视频长度和经费预算的参考依据。分镜头脚本创作起来比较耗时耗力，对画面要求比较高，类似于微电影的短视频可以使用这种类型的短视频脚本。

分镜头脚本主要包括镜号、分镜头时长、画面、景别、摄法技巧、机位、声音、背景音乐、台词等内容，具体内容要根据情节而定。分镜头脚本在一定程度上已经是"可视化"影像了，可以帮助创作团队最大限度地还原初衷，所以分镜头脚本适用于故事性较强的短视频。

3. 文学脚本

文学脚本与分镜头脚本相比，在形式上相对简单，偏重于交代内容，适用于非剧情类的短视频，如知识讲解类短视频、测评类短视频。

撰写文学脚本主要是规定人物所处的场景、台词、动作姿势、状态和短视频时长等。例如，知识讲解类短视频的表现形式以口播为主，场景和演员相对单一，因此其脚本就不需要把景别和拍摄手法描述得很细致，只要明确每一期的主题、标明所用场景之后，写出台词即可。因此，这类脚本对短视频创作者的语言逻辑能力和文笔的要求会比较高。

↘ 1.2.4 拍摄与剪辑短视频

在做好前期工作之后，创作团队就可以按照已经策划好的内容方案，运用视频拍摄设备进行有序的拍摄，形成原始的视频素材。在拍摄短视频时，创作团队要选择合适的拍摄器材，确定表现手法和拍摄场景，用合适的机位、灯光布局和收音系统设置保证拍摄工作的有序进行。

在得到原始的视频素材之后，剪辑人员要对这些视频素材进行后期剪辑，去粗取精，调整细节，更好地展现短视频的内容，使其符合策划方案的要求。目前比较常用的短视频剪辑软件有剪映、快影、爱剪辑、Premiere、会声会影、Final Cut等。

课后练习

1. 短视频选题策划要遵循哪些原则？

2. 使短视频中的故事更精彩的创意策略有哪些？

3. 短视频脚本有哪几种类型？它们各有什么特点？

第 2 章
用手机拍摄短视频

【学习目标】

➢ 掌握手机短视频拍摄对焦、测光、参数设置的方法。
➢ 掌握选择短视频拍摄场景与拍摄用光的方法。
➢ 掌握短视频拍摄的构图与景别。
➢ 掌握短视频拍摄的运镜方式与转场方式。

【技能目标】

➢ 能够进行对焦、测光和拍摄参数设置等基本操作。
➢ 能够根据需要选择拍摄场景并合理布光。
➢ 能够根据需要熟练运用各种构图并选择景别。
➢ 能够根据需要熟练运用各种运镜方式与转场方式。

【素养目标】

➢ 在短视频创作中培养学生敢于打破常规的探索精神与动手实践能力。
➢ 鼓励学生以多维视角创作，在短视频拍摄中培养人文情怀与素养。

　　由于手机的拍摄功能越来越强大，所以手机已经成为既便捷又得力的短视频拍摄工具。用手机拍摄短视频看似很简单，但要想拍出令人惊艳的作品并非易事，所以学习并掌握手机短视频拍摄的基本技能很有必要。本章将引领读者学习用手机拍摄短视频的各种常识，包括拍摄场景与拍摄用光、拍摄构图、拍摄景别、运镜方式和转场方式等。

2.1 手机短视频拍摄入门

用手机拍摄短视频之前，需要做好充分的准备，如对焦与测光，设置拍摄参数，准备自拍杆、三脚架和支架、手机稳定器等辅助设备。

↘ 2.1.1 如何拍出稳定的画面

画面稳定是短视频拍摄中最基本的要求，因为长期观看晃动幅度较大的画面容易让人产生晕眩感和不适感，稳定的画面可以给观众带来更好的观看体验。采用以下4种方法可以获得比较稳定的画面。

1. 手持拍摄

手持拍摄时，为了获得比较稳定的画面效果，应尽可能地用双手使手机靠近身体，或者借助可以依靠的物体来使手机保持稳定，如墙壁、柱子、树木等，这样就不会让拍摄者感到压力集中于手部。

移动时尽量将重心降低，弯腰屈膝地行走。手持拍摄时，可以增加一些手部的运镜，如手部的俯仰运镜、横向移动等。在拍摄过程中，根据不同的场景多尝试几次，就会收到较为满意的效果。在运镜拍摄时，小幅度移动镜头就足够了，因为大幅度运镜需要保证镜头运动足够流畅，但如果设备不过关就很难做到。

2. 使用固定镜头拍摄

使用固定镜头拍摄就是在取景完成后做固定点的拍摄，而不做镜头的推进拉远或者上下左右的移动拍摄。若要改变镜头，可以通过改变拍摄位置或拍摄角度来实现，不要做太多的变焦动作，以免破坏画面的稳定性。拍摄时，使用固定镜头提高画面的稳定性，逐个画面进行拍摄，最后再将不同的景别画面进行组接。

3. 使用手机稳定器拍摄

虽然手持拍摄能够得到较为稳定的短视频画面，但有些拍摄场景不得不借助手机稳定器来拍摄，例如在拍摄大范围移动的运动镜头时，就需要借助手机稳定器边走边拍摄。

4. 后期处理

通过后期处理稳定画面的方法一般有两种：第一种方法是使用后期剪辑软件的"防抖"功能来使抖动的画面变得稳定，但使用该功能会对画面进行裁剪，这就要求在拍摄时对画面预留出一定的可裁剪空间；第二种方法是在拍摄时使用高帧率拍摄，如使用120fps的帧率进行拍摄，在后期处理时对短视频进行4倍慢放处理，减弱画面抖动。

↘ 2.1.2 对焦与测光

拍摄者要想拍摄出清晰的短视频，除了采用各种方法保证画面稳定外，还要保证准确的对焦位置和正确的画面曝光。下面介绍如何进行对焦与测光。

1. 对焦

对焦是指调整镜头焦点与被摄主体之间的距离，使被摄主体成像清晰的过程，这决定了短视频主体的清晰度。手机拍摄短视频的对焦方式分为自动对焦和手动对焦两种。

手机自动对焦是利用集成在手机图像信号处理器中的一套数据计算方法，在进行取景时自动判断被摄主体，使被摄主体变得清晰。但是，自动对焦有时对焦的不是想要突出的被摄主体，图2-1所示为对焦到了花朵的后方。

若要更改对焦位置，只需在手机屏幕中轻轻点击想要对焦的位置即可，此时可以看到被摄主体快速变得清晰，屏幕上出现了一个对焦框，它的作用就是对其所框住的景物进行自动对焦和自动测光，如图2-2所示。

图2-1　自动对焦出现错误　　　　　图2-2　点击屏幕完成对焦

2. 测光

对于同一个场景，手机相机可以将其拍得很亮，也可以将其拍得很暗。画面的亮度与环境的亮度是没有直接关系的，它是由手机相机的曝光值决定的。手机相机通过测光系统对拍摄场景进行测光分析，并将被摄主体都按照18%的中性灰亮度来还原。如果拍摄者想让画面暗一些，可以在亮的地方进行测光，例如在手机屏幕的天空部分点击后画面会变暗，如图2-3所示；如果拍摄者想让画面亮一些，就在暗的地方测光，例如在手机屏幕的建筑物中较暗的位置点击后画面会变亮，如图2-4所示。

图2-3　在较亮位置测光　　　　　图2-4　在较暗位置测光

手机相机默认的曝光值能够适应大部分场景，但有些场景是不适用的，此时就需要通过调整曝光补偿参数来改变曝光值，使画面变得更亮或更暗，方法为，拖动对焦框旁

的  图标调节曝光补偿：向上拖动可以增加曝光补偿，向下拖动可以减少曝光补偿，如图2-5所示。

图2-5 调整曝光补偿

3. 锁定曝光和对焦

在使用手机拍摄视频的过程中，随着对焦位置景物的改变或光线环境的变化，手机会自动重新对焦并测光，这会导致在拍摄动态画面时出现被摄主体反复识别、实焦和虚焦连续变换、不同被摄主体连续曝光的情况，使画面变得不稳定。

因此，当手机与被摄主体之间的距离不会发生较大变化时，常常需要对被摄主体锁定曝光和对焦，这样在光线稳定的前提下，画面无论如何移动，被摄主体都会始终保持清晰且画面亮度统一。

锁定曝光和对焦的方法为，在屏幕上点击被摄主体进行手动对焦，然后长按对焦框，当画面上显示"曝光和对焦已锁定"字样时松开手指，效果如图2-6所示。向下拖动对焦框旁的  图标减少曝光补偿，使天空中的云显示出来，如图2-7所示。

图2-6 锁定曝光和对焦

图2-7 调整曝光补偿

↘ 2.1.3 认识并设置视频拍摄参数

目前，手机的拍摄功能已经十分强大，不同型号的手机拍摄视频的功能有所差别，但总体相差不大。使用手机拍摄视频的画质一方面取决于手机摄像头的品质，另一方面取决于拍摄参数的设置。视频分辨率和帧率的设置是拍摄视频前的基础设置。

1. 视频分辨率

视频分辨率类似于照片的分辨率，理论上视频分辨率越高，视频画面越清晰。短视频中常见的分辨率为720p、1080p和4K。按照常见的16：9（宽：高）的视频比例计算，720p分辨率的水平和垂直像素数为1280像素×720像素，1080p分辨率的水平和垂直像素数为1920像素×1080像素，4K分辨率的水平和垂直像素数为3840像素×2160像素。因此，720p分辨率的总像素数大约为92万，1080p分辨率的总像素数大约为200万，是720p分辨率的2倍多，4K分辨率的总像素数大约为800万，是1080p分辨率的4倍多，而像素越多视频越清晰。

在选择视频的分辨率时，应根据视频时长来进行。如果视频时长较短，不超过5分钟，可以选择4K分辨率进行拍摄。这样在后期剪辑视频时就可以对画面进行适当的裁剪，在导出时使用1080p分辨率，对视频清晰度也不会造成太大的影响。但过长的视频用4K分辨率拍摄会占用大量的手机存储空间，也可能会造成后期剪辑时剪辑软件出现卡顿。如果视频时长较长，选择1080p分辨率进行拍摄较为合适。

2. 视频帧率

视频是由连续的图片组成的，帧就是视频中的每一张图片，帧率就是每秒有多少帧画面，单位是fps。帧率越高，画面越流畅；帧率越低，则画面越卡顿。

在手机帧率设置中，目前可以选择的帧率有很多，选择范围为从24fps到960fps。在日常的视频拍摄中，常用的帧率有24fps、30fps和60fps。其中，24fps是常用的标准视频帧率，这个帧率能够在保证画面流畅的同时，兼顾视频文件大小，避免占用过多的手机存储空间；30fps视频比24fps视频更加流畅，30fps可用于夜间拍摄，与24fps相比，其拍摄的视频文件大小会有所增加；60fps则可以带来最为流畅的视觉效果，适用于对视频流畅度有较高要求或者后期需要进行慢速播放的视频，但它的视频文件也是三者中最大的。

在手机相机中要使用更高的帧率拍摄，需要切换到慢动作拍摄模式，也称为升格拍摄。常用的帧率有120fps或960fps，即手机在1秒中拍摄120个或960个画面，而在播放时依然使用30fps的帧率进行播放，这样就实现了慢动作的效果。慢动作拍摄适用于运动镜头，对被摄主体的运动起到了放慢的作用，常用于强调或抒发情感，让观众有足够的时间来感受场景的变化。

3. 设置视频拍摄参数

下面以大部分搭载安卓系统的手机为例，介绍如何设置视频分辨率和帧率，具体操作方法如下。

（1）在视频录制界面点击"设置"按钮 ⬡，进入"设置"界面，在"视频"分组中点击"视频分辨率"选项，然后在打开的界面中选择所需的分辨率，如图2-8所示。

（2）在"视频"分组中点击"视频帧率"选项，在弹出的界面中选择所需的帧率，如图2-9所示。

（3）在相机下方菜单中找到"慢动作"功能，然后点击帧率按钮，选择所需的更高的拍摄帧率，如图2-10所示。

图2-8 选择分辨率

图2-9 选择帧率

图2-10 选择拍摄帧率

↘ 2.1.4 拍摄辅助设备

除了手机自身的性能以外，影响手机拍摄短视频质量的还有视频画面的清晰度、稳定性，以及收音的清晰度和稳定性。因此，拍摄者通常需要借助一些辅助设备来提高手机拍摄短视频的质量，如自拍杆、三脚架和支架、手机稳定器、外接镜头、补光灯与反光板、收音设备等。

1. 自拍杆

自拍杆是一根配备蓝牙设备的可伸缩金属杆，如图2-11所示，原本用于拍摄照片，随着手机性能的提升和短视频的流行，现在自拍杆也被广泛用于拍摄短视频。

启动自拍杆后，通过手机蓝牙搜索，即可配对连接。自拍杆的支架可以大范围伸缩，能够支持连接多种类型的手机，还可以自由旋转，为拍摄带来更多视角。自拍杆具有前后双摄转换功能，通过控制按钮可以进行转换，实现一键变焦及拍照与摄像模式的转换。

图2-11 自拍杆

使用自拍杆可以轻松拍摄一些常见镜头。例如，把自拍杆拉到最大长度，倒垂向下，一边走一边拍摄，可以拍出低角度跟随镜头；双手紧握自拍杆，抬高自拍杆，匀速转动身体，可以拍出俯拍摇镜头；把自拍杆撑在小腹位置作为支点，上下摆动自拍杆，可以拍出升降镜头。

2. 三脚架和支架

三脚架由可伸缩的支架和稳定器等组成，如图2-12所示。三脚架管脚大多数有3节或4节，通常来说，节数越少，稳定性越好。稳定器用于将手机固定到三脚架上，一般由快装板和水平仪组成，可以完成一些诸如推、拉、升、降运镜动作，从而提升视频画质，更好地完

17

成拍摄任务。有的三脚架还具有扩展功能，支持安装补光灯、机位架等，如图2-13所示。

除了常规的伸缩型三脚架，市面上还有许多颇具创意的便携型支架，如八爪鱼脚架，其小巧轻便，便于携带，具有可以随意弯曲的支架腿，可以缠绕在物体上进行拍摄，如图2-14所示。

图2-12　三脚架

图2-13　具有扩展功能的三脚架

图2-14　八爪鱼脚架

3．手机稳定器

使用自拍杆拍摄短视频无法彻底解决视频画面抖动的问题，为了避免出现这种问题，拍摄者可以选择稳定性更强、拍摄效果更好的手机稳定器来辅助拍摄，如图2-15所示。

手机稳定器采用无人机自动稳定协调系统的技术，以实现拍摄过程中的自动稳定平衡。拍摄者只要把手机固定在手机稳定器上，不管手臂呈现什么姿势，手机稳定器都可以跟随拍摄者的动作幅度自动调整手机的状态，使其一直保持在稳定、平衡的角度，从而拍摄出流畅、稳定的画面。

手机稳定器除了能够防抖外，还具有一键切换横竖屏、匀速平稳旋转、延时摄像、手势控制、动态变焦等功能。

4．外接镜头

手机与专业相机相比，在取景范围、对焦距离等方面存在不足，安装外接镜头（见图2-16）可以弥补这些不足，拍摄出更清晰的高品质画面。手机的外接镜头主要有长焦镜头、广角镜头、增距镜头、微距镜头、鱼眼镜头、电影镜头和人像镜头等多种类型，常用的有人像镜头、微距镜头和电影镜头。

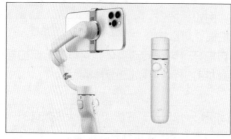

图2-15　手机稳定器

图2-16　外接镜头

使用人像镜头拍摄的短视频画面可以产生景深效果，使被摄主体清晰、背景虚化，呈现出一种纪录片式的视觉效果；微距镜头用于拍摄细节，获得高清晰度和高级质感，给观众带来视觉震撼，常用于旅游类、时尚类、美食类、宠物类短视频；电影镜头可以把手机拍摄的画面解析成宽幅电影画面，使短视频具有电影感。

5．补光灯与反光板

光线对于视频画面质量有着非常重要的影响，在良好的光线条件下拍摄出来的视频画面质量一般都比较好。当环境光或自然光不能满足拍摄需求时，就需要使用补光设备。手机摄影常用的补光灯为LED补光灯，其属于长明灯，亮度稳定，一些高端LED补光灯还可以实现稳定的可调色温，可以胜任人像、静物、微距的拍摄。

LED补光灯大致分为便携LED灯、手持LED灯和影视专业LED灯，如图2-17所示。选择LED补光灯主要看LED的显色性是否准确，是否能够调整色温，以及亮度是否够用等。

图2-17　LED补光灯

反光板利用光的反射来对被摄主体进行补光，多用于人像和静物的拍摄。反光板非常轻便且补光效果较好，在室外可以起到辅助照明的作用，有时也可以作为主光源。光线在反光板平面上产生漫反射，使光源柔化并扩散到一个更大的区域，从而创造出与扩散光源类似的效果，让拍摄的视频画面更加饱满、有质感，如图2-18所示。

反光板有金色、银色、黑色、白色反光板和柔光板5种，如图2-19所示。金色反光板不透光，可以反射出金色补光；银色反光板不透光，可以反射出银色补光，增加暗部亮度；白色反光板不透光，反射出的光线较为柔和；黑色反光板不反光，能够制造黑边效果，勾勒清晰的线条；柔光板不具备反射能力，其作用是有效地柔化光线、阻隔强光。在拍摄过程中，拍摄者可以根据被摄主体的大小选择不同尺寸的反光板。

图2-18　使用反光板拍摄

图2-19　反光板

6．收音设备

声音是短视频的重要组成部分，在拍摄短视频时，拍摄者不仅要考虑声音的后期处理，还要做好同期声的录制工作，但使用手机自带的话筒录音难以保证其音质，而且后期处理也比较麻烦。要想提高同期声的收音质量，拍摄者可以使用专门的收音设备，如枪式话筒（见图2-20）、无线领夹话筒（见图2-21）。

图2-20 枪式话筒

图2-21 无线领夹话筒

枪式话筒只会收录话筒所指方向的声音，可以在一定程度上削弱环境音的收录，提高人声的收音质量。

无线领夹话筒自带降噪芯片，可以有效识别原声，在嘈杂环境中依然能清晰录音，同时支持耳返监听，可边录视频边听，实时调整，更好地呈现原声效果。

2.2 短视频的拍摄场景与拍摄用光

短视频的拍摄场景与拍摄用光是短视频拍摄过程中需要重点考虑的事项，且拍摄场景与拍摄用光之间有着密切的联系。拍摄者要先选择拍摄场景，再有针对性地确定拍摄用光。

↘ 2.2.1 短视频的拍摄场景

在开始拍摄之前，短视频团队要做好拍摄场景的准备工作。拍摄场景主要分为室外场景和室内场景。

如果拍摄场景在室外，短视频团队就要找一个符合主题的场景，例如悬疑剧情类短视频，可以在比较阴暗的地方取景，如地下停车场、电梯等。室外场景不需要过于复杂的场景布置，但受到外部因素影响的风险大大增加，如天气、光线、场外人物等，整个拍摄过程不易把控。

短视频团队要想在室外把布景做得非常好是很困难的，需要耗费大量的时间成本和物质成本，而且也很难收到想象中的效果。因此，短视频团队可以遵循减法原则进行外景取景，尽量找一个简单、干净的背景，而在这种模式下想形成一个比较完整的风格就要靠后期剪辑了。

如果拍摄场景在室内，短视频团队可以用墙面作为背景，铺设适当的背景画布，或者在墙面上增加一些书架、花卉、照片等进行装饰，这样成本低、效果好，适合小团队操作。需要注意的是，装饰品不要过于抢眼，否则会喧宾夺主，同时要与短视频内容调性相符。

对于资金实力较强的短视频团队来说，使用绿幕是一个不错的选择。绿幕可以呈现在现实情况下难以呈现的场景。在创作短视频时，拍摄者可以在绿幕环境中拍摄，然后用软件将画面内容抠出，再将其与背景进行合成。不过，这种方式需要十分专业的后期制作人员来操作。

↘ 2.2.2　短视频的拍摄用光

在拍摄短视频时，巧妙地运用光线可以制造不同的阴暗造型效果，以免画面风格千篇一律，让观众形成审美疲劳，失去观看短视频的兴趣。拍摄用光主要包括以下几个方面。

1. 自然光

在拍摄短视频时，自然光优于人为打光，所以只要有条件使用自然光，就优先使用自然光。要想合理运用自然光，拍摄者要学会感受自然光的变化。时间不同，太阳光的照射强度和角度也不同。早上光线太弱、太暗，不太适合拍摄，而中午的光线太强、太亮，很容易造成拍摄曝光，甚至光线太强、温度过高，会影响被摄主体在镜头前的状态。最好的拍摄时间是下午2点到5点。

使用自然光会受到很多外界因素干扰，如由于光线不稳定，甚至由于太阳逐渐下落，导致拍摄位置一直变换。

2. 使用手机的相机功能调节光线

拍摄者要学会使用手机的相机功能来调节光线。由于可以通过调整感光度来调整画面明暗效果，如果对背景虚化有要求，拍摄者可以通过调整感光度调节明暗。室内画面往往会有色差，调节白平衡（色温）可以改变画面的色调：冷色调对应高数值色温，暖色调对应低数值色温。

3. 室内道具布光

在室内拍摄短视频时，如果光线较暗，拍摄者可以使用"三灯布光法"来突出主体。"三灯布光法"的灯光类型、别称及作用如表2-1所示。

表2-1　三灯布光法

灯光类型	别称	作用
主灯	主光	用它来照亮场景中的被摄主体及其周围区域，并且给被摄主体投影。主光决定主要的明暗关系，包括投影的方向。主光的任务也可以根据需要用几盏灯光来共同完成。例如，主光在15°～30°的位置上，称为顺光；在45°～90°的位置上，称为侧光；在91°～120°的位置上，称为侧逆光。主光常用聚光灯来完成
辅灯	补光	用一个聚光灯照射扇形反射面，以形成一种均匀的、非直射性的柔和光源，用它来填充阴影区及被主光遗漏的区域，调和明暗区域之间的反差，同时能够形成景深与层次，而且这种广泛均匀布光的特性能使它为布景打一层底色，定义布景的基调。由于要达到柔和照明的效果，通常补光的亮度只有主光的50%～80%
轮廓灯	背光	将被摄主体与背景分离，凸显空间的形状和深度感，特别是当被摄主体所处的背景很暗时，如果没有轮廓灯，被摄主体和背景就难以区分。轮廓灯通常是硬光，用于强调被摄主体轮廓

4. 设计光位

光位又称光线位置，指光源相对于被摄主体的位置，也就是光线的方向与角度。光位分为顺光、逆光、侧光、顶光和脚光，如表2-2所示。

表 2-2　光位

光位类型	定义	优势	劣势
顺光	从正面照射到被摄主体的光	使被摄主体的受光面均衡，可以全面表现被摄主体的质感，影调比较柔和	一般不利于表现被摄主体的空间感和立体感，影调比较平淡、单调，层次感弱，缺乏起伏、明暗的视觉节奏效果，更不宜表现空间感大、物体数量众多的景物造型
逆光	又称背面光，是指来自被摄主体后面的光	可以清晰勾勒被摄主体的轮廓，分离被摄主体与背景，从而增强画面的层次感和空间透视效果	很容易造成被摄主体曝光不充分
侧光	从被摄主体左侧或右侧照射的光	能使被摄主体的明暗面对比鲜明，画面明暗配置和反差鲜明清晰，层次丰富，有利于表现被摄主体的空间感和立体感。拍摄者要注意明暗面在画面造型中所占的比例	会形成一半明一半暗的过于折中的影调和层次，在拍摄大场面的景色时会显得光线不均衡
顶光	来自被摄主体顶部的光	可以营造压抑、紧张的氛围	人物在这种光线下，头顶、前额、鼻头很亮，下眼窝、两腮和鼻子下面完全处于阴影之中，会形成一种反常、奇特的形态；一般避免使用这种光线拍摄人物
脚光	从脚下地面的高度向上照射的光	可以填补其他光线在被摄主体下部形成的阴影，或者表现特定的光源特征和环境特点	作为主光拍摄，会给人一种神秘、古怪的感觉

2.3　短视频的拍摄构图

构图是影响短视频拍摄质量的一个至关重要的要素。一个好的画面构图能让短视频画面更富有表现力和艺术感染力。拍摄者根据画面的布局和结构，运用镜头的成像特征和自己的拍摄手法，在主题明确、主次分明的情况下，可以拍摄出一幅简洁、多样、统一的画面。

↘ 2.3.1　横构图和竖构图

横构图是看上去最自然、用得最多的一种构图形式，其长宽比是4：3。由于人眼的水平视角大于垂直视角，采用横构图可以模拟人眼的视觉范围，还原感更强，且能够突出宽广、宏大的场景，非常适合拍摄大场景或人物众多的场景，如图2-22所示。

随着手机的普及，现在越来越多的人习惯使用手机观看短视频，由于手机屏幕是竖屏的，所以竖构图短视频可以更好地匹配手机屏幕，利于观众观看。竖构图的长宽比是3：4，能体现画面的立体感和纵深感，适合表现画面的前后对比。竖构图适用于拍摄单个人物或者静物，或表现深邃的空间感，如田野、建筑、树木、山峰等，如图2-23所示。

图2-22　横构图

图2-23　竖构图

↘ 2.3.2　中心构图

中心构图就是将被摄主体放到画面中间进行构图。一般来说，画面中间是观众的视觉焦点，看到画面时最先看到的会是中心点。这种构图方式的最大优点在于被摄主体突出而明确，可以获得左右平衡的画面效果。在使用中心构图时，拍摄者要调大被摄主体占据拍摄画面的比例，同时使用简洁或与被摄主体反差较大的画面背景，以更好地烘托被摄主体，表现其特征，如图2-24所示。

图2-24　中心构图

↘ 2.3.3　九宫格构图

九宫格构图一般是指黄金分割法构图，即利用上、下、左、右四条线作为黄金分割线，将画面分割成相等的9个方格，这些线相交的点叫作黄金分割点。这种构图方式可以使被摄主体展现在黄金分割点上，让被摄主体成为视觉中心，使画面更加平衡、和谐，如图2-25所示。

图2-25　九宫格构图

↘ 2.3.4　三分线构图

三分线构图是指在拍摄时把整个画面横向或纵向均分为3份，这种划分会使画面产生两条虚拟的等分线，这两条等分线就是三分线。根据画面内容，拍摄者可以让被摄主体占据三分线的不同位置，例如1/3的位置或2/3的位置，如图2-26所示。

图2-26　三分线构图

↘ 2.3.5　对称构图

对称构图可以给画面带来一种庄重、肃穆的气氛，具有平衡、稳定的特点，比较符合观众的审美习惯。其不足之处在于会使画面显得有些呆板，缺少变化和视觉冲击力。该构图方式常用于表现对称物体、建筑物及具有特殊风格的物体，如图2-27所示。

图2-27　对称构图

↘ 2.3.6　框架构图

框架构图是指将有形的景物或者光影设置为前景，形成具有遮挡效果的框架，这样有利于增强构图的空间深度，引导观众注意框架内的被摄主体。这种构图方式会让人产生一种窥视的感觉，让画面充满神秘感，引起观众的观看兴趣，如图2-28所示。

 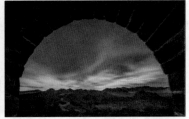

图2-28　框架构图

↘ 2.3.7　对角线构图

对角线构图是指被摄主体沿画面对角线方向排列，从而表现出很强的动感、不稳定性或生命力等感觉。以对角线构图拍摄出来的画面有很好的纵深效果和透视效果，可以给观众更加饱满的视觉体验，如图2-29所示。

 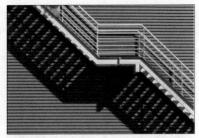

图2-29　对角线构图

↘ 2.3.8　引导线构图

引导线构图就是利用线条来引导观众的目光，将画面的主体与背景元素串联起来，形成视觉焦点。这种构图方式可以增强画面的纵深感和立体感，适合拍摄大场景和远景画面。引导线不一定是具体的线条，只要是有方向性的、连续的事物都可以作为引导线使用，如图2-30所示。

图2-30　引导线构图

↘ 2.3.9　三角形构图

在几何学中，三角形是较为稳定的图形之一，因此，当拍摄者把它应用在画面构图中时，所得到的画面效果会给人以平稳、均衡的视觉效果。

如果画面中只存在一个被摄主体，但被摄主体上的三个点会形成一个稳定的三角形，拍摄者利用被摄主体自然形成的三角形进行构图，可以突出画面的稳定感。

如果画面中存在若干事物，拍摄者把这些事物按照三角形的形状进行安排放置，达到三角形构图的效果，可以让画面在呈现秩序感的同时给人以均衡、灵活的感受，如图2-31所示。

图2-31　三角形构图

↘ 2.3.10　辐射构图

辐射构图是指以被摄主体为核心，景物向四周辐射的构图方式。这种构图方式可以把观众的注意力集中到被摄主体上，同时可以使短视频画面产生扩散、伸展和延伸的效果，常用于需要突出被摄主体而其他事物多且复杂的场景，如图2-32所示。

图2-32　辐射构图

↘ 2.3.11　建筑构图

建筑构图是指在拍摄建筑等静态物体时，避开与被摄主体无关的物体，将拍的重点集中于可以充分表现被摄主体特点的地方，以获得较理想的构图效果，如图2-33所示。

图2-33　建筑构图

↘ 2.3.12　低角度构图

低角度构图是指在确定被摄主体后，寻找一个足够低的角度拍摄形成的构图，通常需要拍摄者蹲着、坐着、跪着或躺着才能实现，可以产生让人惊讶的效果，带来较强的视觉冲击力，如图2-34所示。

图2-34 低角度构图

2.4 短视频的拍摄景别

　　景别是指由于在焦距一定时,手机镜头与被摄主体的距离不同,而造成被摄主体在手机镜头中所呈现出的范围大小的区别。通常以被摄主体(人物)在画面中被截取部位的多少为标准来划分景别。

　　景别一般可分为5种,由远至近分别为远景、全景、中景、近景、特写。交替使用各种不同的景别,可以使短视频的剧情叙述、人物思想感情表达、人物关系的处理更有表现力,从而增强短视频的感染力。

↘ 2.4.1 远景

　　远景是景别中最远、表现空间范围最大的一种景别,其长处在于可以建立镜头,为较近的镜头提供空间参考,在介绍环境、体现时间的基础上还能体现场景规模和气势。远景的整体感较强,不突出细节,其中的人物所占面积很小,甚至成为点状。短视频结尾的远景画面可以形成一种远离情节的视觉感受,给人回味的空间,如图2-35所示。

图2-35 远景

↘ 2.4.2 全景

　　全景是指拍摄人物全身形象或者场景全貌的画面,可体现人物形象和事物的完整性,具有描述性、客观性的特点,多用于塑造人物形象和交代环境,展现人物之间或者人物与环境之间的关系,如图2-36所示。全景画面能够完整地表现人物的行为动作,所以可以反映人物的内心情感、性格和心理状态。

图2-36 全景

在全景画面中，人物的头顶以上或脚底以下要有适当留白，不能"顶天立地"，否则会有堵塞感，但也不要将空白留得过大，否则会造成人物形象不清楚，降低画面的利用率。

⬊ 2.4.3　中景

中景表现人物膝部以上的部分或者场景的局部画面，如图2-37所示。利用中景可以有力地表现人物之间、人物与周围环境之间的关系。中景不但可以加深画面的纵深感，表现一定的环境、氛围，而且通过镜头的组接，还能把某一冲突的经过叙述得有条不紊，所以常用于叙述剧情。

图2-37　中景

中景的特点决定了它可以更好地表现人物的身份、动作及动作的目的，是叙事性最强的景别。

在拍摄中景画面时，拍摄者要注意拍摄角度、演员调度和姿势等，灵活变化，尤其是人物中景要注意把握分寸，不要把画面卡在人物的腿关节部位，这在构图中是很忌讳的。

⬊ 2.4.4　近景

近景一般用于表现人物胸部以上或者景物局部面貌的画面。由于近景的画面视觉范围较小，观察距离相对更近，人物和景物的尺寸足够大，细节比较清晰，所以常用于细致地表现人物的面部神态和情绪、细微动作和景物的局部状态，如图2-38所示。

在近景画面中，环境空间被淡化，处于陪体地位，在很多情况下，拍摄者会将背景虚化，使背景中的各种造型元素只有模糊的轮廓，从而更好地突出被摄主体。

图2-38　近景

⬊ 2.4.5　特写

特写是指拍摄人物的面部、人体的某一局部、一件物品的某一细节的镜头。特写的画面内容比较单一，可以起到放大形象、强化内容和突出细节的作用，如图2-39所示。

在表现人物时，特写可以突出人物的面部表情和细节动作，基本忽略了人物所处的环境，意在描绘人物的内心活动；在表现物体时，特写可以很好地表现物体的线条、质感和色彩等特征。另外，在有故事情节的短视频中，物体的特写还可能隐藏着重要的戏剧因素。

图2-39 特写

2.5 短视频拍摄的运镜方式

想要拍出个性化、有吸引力的短视频，运镜是基本技巧之一。运镜是指通过手机镜头的位置、焦距和光轴的运动，在不中断拍摄的情况下形成视角、场景空间、画面构图、表现对象的变化。运镜可以增强画面的动感，扩大镜头的视野，影响短视频的速度和节奏，赋予画面独特的寓意。

↘ 2.5.1 推进运镜

推进运镜是指手机镜头向被摄主体的方向推进，或者变动镜头焦距，使画面框架由远及近地向被摄主体不断靠近。随着手机镜头的前推，画面取景范围由大变小，形成较大景别向较小景别连续递进的视觉前移效果，给观众一种视点前移、身临其境的感觉，如图2-40所示。

被摄主体的位置决定了推进运镜的推进方向，所以在推进运镜的过程中，画面构图要始终保持被摄主体在画面中心的位置。推进运镜的主要作用是突出被摄主体，使观众的视觉注意力相对集中，视觉感受得到加强。

图2-40 推进运镜

除此之外，推进运镜还有以下作用：从特定环境中突出某个细节或重要情节，使短视频画面更具说服力；介绍整体与局部、客观环境与人物之间的关系；明显加强被摄主体的动感，仿佛使其运动速度加快；推进速度可以影响和调整画面的节奏，从而产生外化的情绪力量，引导观众的情绪。

例如，推进速度缓慢、平稳可以表现出安宁、幽静、平和、神秘等氛围；推进速度急剧而短促表现的是紧张、不安或激动、愤怒等情绪，尤其是急推，会让被摄主体快速变大，画面急剧变动后迅速停止，爆发力很强，画面视觉冲击力大，可以产生震惊和醒目的效果。

需要注意的是，镜头在推进过程中要始终处于画面中心的位置，而且推进的速度要与主题相契合。

↘ 2.5.2　后拉运镜

后拉运镜是指手机镜头逐渐远离被摄主体，或变动镜头焦距，使画面框架由近及远地与被摄主体拉开距离。

与推进运镜相反，后拉运镜使画面的取景范围逐渐变大，被摄主体逐渐变小，与观众的距离越来越远，把被摄主体重新纳入一定的环境，形成视觉后移效果，如图2-41所示。

图2-41　后拉运镜

后拉运镜主要有以下作用：提醒观众注意被摄主体所处的环境，以及被摄主体与环境之间的关系变化；表现空间的扩展，反衬出被摄主体的远离和缩小，在视觉感受上给人一种退出感和谢幕感，因此适合在某一场景的末尾使用；由于后拉运镜的起幅画面的背景不容易展示出来，因此常被用作转场镜头。

↘ 2.5.3　横移运镜

横移运镜是指手机沿水平面进行各个方向的移动拍摄，类似于生活中人们边走边看的状态，所以被摄主体的背景总是在变化，如图2-42所示。

图2-42　横移运镜

在横移运镜过程中，随着手机镜头的运动，画面框架始终处于运动之中，即使被摄主体处于静止状态，也会呈现出位置不断移动的态势。横移运镜能够开拓画面的空间，让观众有运动的感受，不断变化的背景使视频画面表现出一种流动感，可以让观众有身临其境之感，适合表现大场面、大纵深、多景物、多层次的复杂场景。

由于横移运镜需要保证画面的稳定性，拍摄者在运镜时可以安装稳定器来解决手机拍摄时的抖动问题。

↘ 2.5.4　摇动运镜

摇动运镜是指手机本身的相对位置不动，借助手来使手机镜头上、下、左、右移动拍摄，像人的目光一样顺着一定的方向对被摄主体巡视。图2-43所示为横摇镜头，图2-44所示为纵摇镜头。

图2-43　横摇镜头

图2-44　纵摇镜头

摇动运镜分为左右摇动运镜和上下摇动运镜，左右摇动运镜常用来表现大场面，上下摇动运镜常用来展现被摄主体的高大、雄伟。

摇动运镜主要有以下作用：通过将画面向四周扩展，突破画面框架的空间局限，扩大视野，创造视觉张力，让整个画面更加开阔，可以将观众迅速带到特定的故事氛围中；可以将两个物体联系起来，以表示某种暗喻、对比、并列或因果关系，暗示或提醒观众注意两者之间的关系，引发思考；倾斜摇动运镜和旋转摇动运镜可以表现一种特定的气氛和情绪；可以作为转场方式，通过空间转换、被摄主体的变换引导观众的视线由一处转移到另一处。

↘ 2.5.5　跟随运镜

跟随运镜是指手机镜头始终跟随被摄主体一起运动来拍摄。跟随运镜的运动方向是不确定的，但要一直使被摄主体保持在画面中，且位置相对稳定，如图2-45所示。

图2-45　跟随运镜

跟随运镜既能突出运动中的被摄主体，展示被摄主体的动态，又能表现被摄主体的运动方向、速度及与环境之间的关系，而观众的视点被调度到画面内，跟着被摄主体走来走去，可以产生一种强烈的现场感和参与感，还表现出一种客观记录的感觉，体现出更强的真实性。

↘ 2.5.6 环绕运镜

环绕运镜是指以被摄主体为中心环绕点，手机镜头围绕被摄主体进行环绕拍摄，通常要使用稳定器、旋转轨道来突出被摄主体，展现被摄主体与环境之间的关系或人物之间的关系，可以营造一种独特的艺术氛围，如图2-46所示。环绕运镜最终呈现给观众的画面可以展现被摄主体周围全部的景象，立体感很强，使观众有一种身临其境之感，从而留下深刻的印象。

图2-46 环绕运镜

↘ 2.5.7 升降运镜

升降运镜是手机镜头借助升降装置一边升降一边拍摄的方式，升降运动带来了画面范围的扩展和收缩，形成了多角度、多方位的多构图效果，如图2-47所示。

升降运镜分为升镜头和降镜头。升镜头是指镜头向上移动形成俯视拍摄，以显示广阔的空间；降镜头是指镜头向下移动进行拍摄，多用于拍摄大场面，以营造气势。

图2-47 升降运镜

2.6 短视频拍摄的转场方式

短视频的效果不仅取决于短视频拍摄的质量，还取决于短视频剪辑的质量。新手在拍摄短视频时，只是简单地用镜头记录直观的感官效果，然后把若干素材拼接在一起，组合成一个完整的视频，但很多时候短视频中的情感表达过于直白，没有深意和新意。为了改善这一情况，剪辑人员在剪辑短视频时，要考虑每个镜头之间的转场效果，根据短视频选择合适的转场方式，为观众带来不同的视觉感受。

↘ 2.6.1 方向转场

方向转场一般指的是相同运动方向转场。相同运动方向转场是一种非常自然顺畅的转场方式，主要是指前后两个画面中的被摄主体都是朝着同一方向运动。

相同运动方向转场比较适合拍摄运动中的事物，如走路的人、跑动的车子、骑车的人等，拍摄两段及以上的视频画面，都需要确保被摄主体与景物有着相同的运动方向。同时，手机可以采用跟拍的方式，横移跟拍、推进跟拍、后拉跟拍均可，只要确保前后两段视频的画面都是相同的跟拍运镜方向即可。

↘ 2.6.2 遮罩转场

遮罩转场又称遮挡镜头转场，即上一个镜头接近结束时，手机镜头与被摄主体接近，以至整个画面黑屏，下一个镜头开始时被摄主体又移出画面，实现场景或段落的转换。遮罩转场可以给观众带来强烈的视觉冲击，形成视觉上的悬念，加快短视频的叙事节奏。

遮罩转场分为两种情况，一种是被摄主体迎面而来遮挡手机镜头，形成暂时的黑色画面；另一种是画面内的前景暂时挡住画面内的其他形象，成为覆盖画面的唯一形象，通常用来表示时间与地点的变换。

↘ 2.6.3 形状转场

形状转场是指两个镜头的被摄主体在外形上具有相似性或者是同一个事物，通过被摄主体的运动、出画和入画来连接两个镜头，实现场景的变换，体现空间与时间的变化。

例如，上一个镜头是小孩往空中丢书包，下一个镜头是一个同事接过你扔过去的背包，场景很顺畅地从学校转换到工作场所，交代人物形象的变化；上一个镜头是一轮明月挂在空中，下一个镜头是墙壁上的圆形挂钟，时针指向9点，可以表现时间的变化。

↘ 2.6.4 运镜转场

运镜转场是指使用各种运镜方式来实现转场，包括推镜头转场、拉镜头转场、甩镜头转场等。例如，上一个镜头是一个小孩把光盘放进DVD里，动画片开始播放，下一个镜头是手机播放动画片并向后拉镜头，显示一位老者在陪一个小孩看动画片的场景，体现观看媒介的变迁和时代的发展；上一个镜头是果农在果园里采摘苹果，下一个镜头是苹果特写，镜头后拉之后，场景转换到了热闹的超市；上一个镜头是大街上，一个警察在走路时看到小偷，猛地追上去，一个甩镜头之后，下一个镜头转换到狭窄的小巷，小偷被这个警察堵在小巷里。

↘ 2.6.5 动作转场

动作转场是指借助人物、动物、交通工具等事物的动作和动势的可衔接性，以及动作的相似性作为场景或时空转换的手段。例如，上一个镜头是汽车驶过挡住镜头，下一个镜头是其他交通工具或人物远离镜头；上一个镜头是珍珠项链掉落，主人公急忙伸手去抓，下一个镜头是主人公抓着项链，兴高采烈地向朋友诉说昨天项链差点摔坏的事情；上一个镜头是女人推了男人一下，男人后仰跌倒，下一个镜头是男人躺在床上，用手抚摸自己的脑袋。

↘ 2.6.6 承接转场

承接转场是指利用上下镜头内容上的呼应关系实现转场。例如，通过人物的语言来承接，上一个镜头是主人公说要去参加舞会，下一个镜头呈现的就是他在舞会上的场景。通过具体的情节直接转换场景，可以使上下镜头的画面和情节合理又有趣。

2.6.7 景物转场

景物转场是指利用景物镜头来过渡，实现间隔转场。景物镜头主要包括两类。

一类是以景为主、物为陪衬的镜头，例如群山、山村全景、田野、天空等镜头，用这类镜头转场既能展示不同的地理环境、景物风貌，又能表现时间和季节的变化，这类转场又称空镜头转场。景物镜头可以弥补叙述性短视频在情绪表达上的不足，为情绪表达提供空间，同时又能使高潮情绪得以缓和或平息，从而转入下一段落。

另一类是以物为主、景为陪衬的镜头，如在镜头中飞驰而过的火车、街道上的汽车，以及室内陈设、建筑雕塑等各种静物镜头，一般情况下，拍摄者可以选择这些镜头作为转场的镜头。

2.6.8 景别转场

景别转场是指利用两个景别镜头来实现场景或时空的转换，包括特写转场、两极镜头转场、同景别转场等。

特写转场又称细节转场，指不论上一组镜头的景别是什么，下一组镜头都从特写开始。特写镜头可以强调画面细节的特点，暂时集中观众的注意力，在一定程度上弱化时空或段落转换过程中观众的视觉跳动。

两极镜头转场是指上下镜头的景别是两个极端，从远景到特写，或者从特写到远景，对比强烈，节奏感强。例如，一个冰雕的特写衔接整个雪景，热腾腾的饭菜衔接热闹的街景，捕鱼人的镜头衔接整个湖面场景。

同景别转场是指上一个场景的结尾和下一个场景的开始镜头景别相同，这种转场方式可以集中观众的注意力，场面衔接较紧凑。

2.6.9 硬切转场

硬切转场比较适合在拍摄时没有考虑好画面的转场方式，或者没有找到合适的景物来呈现转场效果等情况。如果关联性不强、反差较大的画面使用硬切转场，看起来就会不自然。因此，在使用硬切转场时，拍摄的画面之间最好有一定的关联性，都是相似视角下拍摄的画面。

课后练习

1. 简述如何拍出稳定的画面。
2. 简述常用的短视频构图方法。
3. 打开"素材文件\第2章\课后练习\视频1.mp4"文件，指出每个镜头是什么景别。
4. 打开"素材文件\第2章\课后练习\视频2.mp4"文件，指出每个镜头的运镜方式，以及短视频中采用了哪些转场方式。

第 3 章
短视频剪辑利器——剪映

【学习目标】

➢ 熟悉剪映的工作环境。
➢ 掌握剪映常用功能的使用方法。

【技能目标】

➢ 初步认识剪映功能模块和剪辑工具。
➢ 能够运用剪映的常用功能剪辑短视频。

【素养目标】

➢ 遵守法律法规，不断推出蕴含中华传统文化和时代精神的短视频。
➢ 弘扬勤学精神，敢于接触新兴事物，克服畏难情绪，积极面对挑战。

　　剪辑是对镜头语言和视听语言的再创作，利用不同的剪辑手法，可以得到画面效果、风格，甚至情感都完全不同的视频作品。剪映是由抖音官方推出的一款视频剪辑工具，操作简单且功能强大，非常适合短视频创作新手。本章将引领读者熟悉剪映的工作环境、掌握剪映的常用功能，以快速上手剪辑短视频。

3.1 熟悉剪映的工作环境

下面首先引领读者了解剪映的三大功能模块，认识剪映的剪辑界面，理解时间轴中视频的显示逻辑，轻松迈入短视频剪辑的大门。

↘ 3.1.1 了解剪映的三大功能模块

启动剪映App后，即可进入操作界面，其主要包括"剪辑" ✂、"剪同款" ▣ 和"创作课堂" ◈ 三大功能模块，如图3-1所示。

图3-1 剪映的三大功能模块

● "剪辑"功能模块包括4个部分，从上到下依次为"帮助中心"按钮 ❓ 和"设置"按钮 ◎；"开始创作"的工具入口和"拍摄"工具；"一键成片""图文成片""录屏""创作脚本""提词器"等辅助工具；"本地草稿"管理工具。

● "剪同款"功能模块包括各种主题的视频模板，用户可以选择自己喜欢的模板，直接导入图片或者视频，快速生成自己的视频。

● "创作课堂"功能模块提供了各式各样视频创作的技巧课程，方便用户更好地学习拍摄和剪辑的相关知识。

↘ 3.1.2 认识剪映的剪辑界面

在剪映中导入素材后，即可进入剪辑界面。剪辑界面包括4个部分，分别是顶部工具栏、素材预览区域、时间轴区域和底部工具栏，如图3-2所示。

1. 顶部工具栏

顶部区域主要用于剪辑项目的退出和导出。其中，点击 ✕ 按钮，可以退出剪辑界面；点击 ❓ 按钮，将弹出剪映功能使用帮助中心界面；点击 1080P▾ 按钮，可以在弹出的界面中选择视频导出的分辨率和帧率并设置是否开启"智能HDR"功能；点击"导出"按钮，可以导出剪辑好的视频。

—— 顶部工具栏

—— 素材预览区域

—— 时间轴区域

—— 底部工具栏

图3-2　剪辑界面

2. 素材预览区域

在素材预览区域可以实时预览视频画面，随着时间指针处于时间线的不同位置，预览区域会显示时间指针当前所在帧的画面。视频预览画面下面有一排图标，其中，最左侧为剪辑时间码 00:02 / 00:55 ，可以查看当前时间指针位置和视频总时长；"播放"按钮 ▷ 用于预览视频；"撤销"按钮 ↺ 和"重做"按钮 ↻ 用于在操作失误时返回上一步操作或重做操作；"全屏"按钮 ⤢ 用于全屏预览视频效果。

3. 时间轴区域

在使用剪映剪辑视频的过程中，90%以上的操作都是在时间轴区域内完成的。时间轴区域的顶部为时间线，时间刻度可以放大或者缩小。把两个手指放在时间线空白区域，双指向外拉伸可以放大时间线，缩小时间间距，适用于视频的精细调整；双指向内收缩可以缩小时间线，时间间距就会拉大，适用于视频整体编辑和预览；用一个手指放在时间线空白区域左右拖动，即可快速预览视频内容。

时间线下方为剪辑轨道，用于音频、文字、贴纸、画中画及特效等素材的编辑，如调整素材的时长、位置等，在最右侧有一个加号按钮 ➕ ，点击它可以进入素材库选择界面。

剪辑轨道左侧有两个按钮，左一按钮为"关闭原声"按钮 🔊 ，点击它可以关闭或开启主轨道上所有视频的原声；左二按钮为"设置封面"按钮 ▦ ，点击它可以使用剪映内置的封面模板为视频设计一个封面。

4. 底部工具栏

底部工具栏默认显示为一级工具栏，可以看到"剪辑" ✂ 、"音频" 🎵 、"文字" Ｔ 、"贴纸" 🔄 、"画中画" 🖼 、"特效" 🎇 等按钮，向左滑动还可看到"素材包" 📋 、"一键包装" ▣ 、"滤镜" 🎨 、"比例" ▣ 、"背景" ▨ 、"调节" 🎚 等按钮，如图3-3所示。点击一级工具栏中的任意按钮，即可进入二级工具栏，对素材进行相应的编辑操作。要返回一级工具栏，可以点击左侧的"返回"按钮 ◀ ，如图3-4所示。

图3-3 一级工具栏

图3-4 二级工具栏

↘ 3.1.3 理解时间轴中视频的显示逻辑

了解了剪辑界面的基本功能后，下面简要介绍时间轴中视频的显示逻辑，包括时间线的运行逻辑与轨道的折叠显示。

1．时间线的运行逻辑

在使用剪映剪辑视频的过程中，所有的画面、音乐和文字等内容都会随着时间指针的移动而逐步展示，时间线的长度也会随着画面播放而持续增加。剪辑轨道上有一条白色的线，称为时间指针，用户可以拖动时间指针来定位时间指针的位置，时间指针位置所对应的画面将会在上方的预览区域中显示，如图3-5所示。

在播放视频时，素材预览区域左下方的时间码会有数字的变化，前面的数字即时间指针在时间线上的位置，如当前时间码显示为 00:25 / 00:55，表示时间指针所对应的位置在第25秒处，视频总时长为55秒。

2．轨道的折叠显示

轨道是时间轴区域中占据较大比例的区域，由于手机屏幕较小，轨道显示区域有限，为了便于用户查看时间线

图3-5 时间线的运行逻辑

上的主要内容，默认在时间轴区域只显示主轨道和主音频轨道，其他轨道则折叠显示，以气泡或彩色线条的形式出现在轨道区域，如图3-6所示。

除了主轨道外，在时间轴中还包括画中画、音频轨道、文字轨道、特效轨道、滤镜轨道、调节轨道等，可以将不同类型的素材添加到不同的轨道上。例如，通过新增画中画，可以在视频上叠加视频或图片；在视频中添加滤镜，会将滤镜素材添加到滤镜轨道上。要对添加的素材进行选择或编辑时，用户可以点击素材缩览气泡或者在底部工具栏中点击相应的工具按钮来展开轨道。例如，点击"文字"按钮，将显示文字轨道，此时就可以选中文字对其进行编辑了，如图3-7所示。

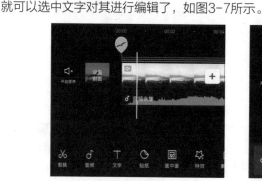

图3-6 折叠显示轨道

图3-7 显示文字轨道

3.2 使用剪映的常用功能

下面将详细介绍剪映的常用功能，并通过视频剪辑案例来讲解这些功能的具体用法。

↘ 3.2.1 导入素材并调整播放顺序

下面讲解如何将需要用到的素材导入剪辑界面。在导入素材时或导入素材后，可以根据需要调整素材的播放顺序，具体操作方法如下。

视频

导入素材并调整播放顺序

步骤 01 在手机上启动剪映，进入"剪辑"功能界面，点击"开始创作"按钮 ，如图3-8所示。

步骤 02 进入"添加素材"界面，若要导入手机中保存的素材，可以在上方点击"照片视频"选项，在弹出的列表中选择素材的保存位置，如图3-9所示。

步骤 03 点击素材右上方的圆圈，即可选中素材，如图3-10所示。

图3-8 点击"开始创作"按钮

图3-9 选择素材位置

图3-10 选中素材

步骤 04 若要导入素材中的某个片段，可以在导入素材时对该片段进行裁剪。在"添加素材"界面中点击素材缩览图，进入视频预览界面，拖动下方的滑块可以快速预览视频内容，在预览时确认要裁剪的大致位置，然后点击左下方的"裁剪"按钮，如图3-11所示。

步骤 05 进入"裁剪"界面，拖动左右两侧的起始滑块和结束滑块裁剪视频素材，然后点击 按钮，如图3-12所示。

步骤 06 返回"添加素材"界面并点击"添加"按钮，即可将素材添加到剪辑界面的时间轴中。要在时间轴中继续添加素材，可以先将时间指针定位到要添加素材的位置，然后点击轨道右侧的"添加素材"按钮 ，如图3-13所示。

步骤 07 进入"添加素材"界面，依次选择要导入的素材，素材右上方的选择按钮上会显示顺序编号，点击"添加"按钮，如图3-14所示。

步骤 08 此时即可在时间轴区域添加素材，长按素材并左右拖动，即可调整素材顺序，如图3-15所示。

图3-11　预览素材　　　　图3-12　裁剪视频素材　　　图3-13　点击"添加素材"按钮

　　除了添加手机中的素材，用户还可以添加剪映"素材库"中的素材，其中有非常丰富的素材，如抖音热门视频经常用到的片段。要添加这些素材，可以在"添加素材"界面上方点击"素材库"选项，然后选择不同分类中的素材进行添加，还可在搜索框中搜索自己所需的素材，如图3-16所示。

图3-14　选中素材　　　　图3-15　调整素材顺序　　　　图3-16　"素材库"界面

↘ 3.2.2　根据需要修剪素材时长

　　将素材导入剪辑轨道后，用户可以通过两种方法对素材的时长进行调整：一种方法是通过拖动修剪滑块修剪素材；另一种方法是通过"分割"功能分割素材，并删除不需要的片段，这种方法常用于修剪时长较长的素材。

　　修剪素材时长的具体操作方法如下。

步骤01 将时间指针定位到要分割素材的位置，点击素材将其选中，

视频

根据需要修剪
素材时长

然后点击"分割"按钮██，如图3-17所示。

步骤 **02** 此时即可将素材分割为两段，选中右侧不需要的部分，点击"删除"按钮██，如图3-18所示。

步骤 **03** 若删除了要保留的部分，可以向外拖动素材的修剪滑块恢复该部分素材，如图3-19所示。

图3-17　点击"分割"按钮　　图3-18　点击"删除"按钮　　图3-19　向外拖动修剪滑块

步骤 **04** 对第二个素材进行修剪，双指向外拉伸放大时间线，然后将时间指针定位到要精确修剪的位置，如图3-20所示。

步骤 **05** 选中素材，拖动修剪滑块到时间指针位置，当修剪滑块靠近时间指针边缘时会自动吸附，随即完成修剪，如图3-21所示。

图3-20　定位时间指针　　图3-21　拖动修剪滑块

↘ 3.2.3 使用"变速"功能掌控画面的快慢节奏

剪映的"变速"功能用于调整视频素材的播放速度，包括常规变速和曲线变速两种。使用"变速"功能进行视频快慢变速的具体操作方法如下。

视频

使用"变速"功能掌控画面的快慢节奏

步骤 **01** 选中要变速的视频素材，点击"变速"按钮◎，如图3-22所示。

步骤 **02** 弹出变速工具栏界面，点击"常规变速"按钮☑，如图3-23所示。

图3-22　点击"变速"按钮　　图3-23　点击"常规变速"按钮

步骤 **03** 弹出速度调整工具，向右拖动滑块调整速度为3x，如图3-24所示。点击"播放"按钮▷，预览调速效果，并点击☑按钮确认。视频素材默认播放的速度为1x，向左侧调整为减速，向右侧调整为加速，调速会影响视频素材的时长。

步骤 **04** 在变速工具栏中点击"曲线变速"按钮☑，在打开的界面中可以选择预设的曲线变速效果，在此选择"自定"选项，如图3-25所示，然后点击"点击编辑"按钮◎。

步骤 **05** 在打开的界面可以看到默认包含了5个速度控制点，拖动时

图3-24　调节速度　　图3-25　选择"自定"选项

间指针到要添加速度控制点的位置，然后点击"添加点"按钮，如图3-26所示。

步骤 **06** 根据需要添加多个速度控制点，并分别进行速度调整，如图3-27所示。调整完成后，点击"播放"按钮▷，预览变速效果，然后点击右下方的☑按钮。

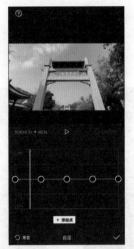
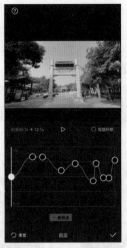

图3-26　点击"添加点"按钮　　图3-27　调整速度控制点

↘ 3.2.4　调整画面大小及方向以丰富视频构图

要对画面构图进行调整，可以直接在视频预览区域对画面进行缩放、旋转、移动等操作，也可以使用"编辑"功能裁剪画面尺寸或对画面进行旋转、镜像调整。下面在剪映中导入一个视频素材，然后对画面构图进行调整，使单一的画面构图变得丰富起来，具体操作方法如下。

视频

调整画面大小及方向以丰富视频构图

步骤01 导入视频素材，预览画面的初始效果，如图3-28所示。

步骤02 选中视频素材，在视频预览区域用两指向外拉伸放大画面，如图3-29所示。

步骤03 用两指向内收缩缩小画面，再用单指拖动画面调整其位置，如图3-30所示。

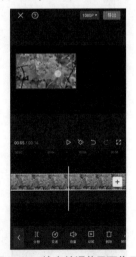

图3-28　预览画面的初始效果　　图3-29　放大画面　　图3-30　缩小并调整画面位置

步骤04 旋转两指可以将画面旋转至任意角度，如图3-31所示。

步骤05 将画面重新调整为初始效果，在将画面恢复为全屏大小时，画面四周会出现白色参考线进行自动吸附，如图3-32所示。

步骤06 使用"分割"功能将视频素材分割为4段，然后选中第二段视频素材，在工具栏中点击"编辑"按钮□，在弹出的界面中可以对画面进行旋转、镜像和裁剪设置，此处点击"裁剪"按钮☑，如图3-33所示。

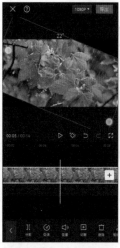

图3-31　旋转画面　　　图3-32　恢复画面角度和大小　　　图3-33　点击"裁剪"按钮

步骤07 进入画面裁剪界面，拖动裁剪框上的加粗裁剪控制线可以自由裁剪画面尺寸，也可在下方选择不同的裁剪比例，按照所选比例进行画面尺寸的裁剪。此处选择16∶9比例，即视频的原始比例，这样可以保证画面裁剪后仍然保持全屏。拖动裁剪控制线选择画面左上方的部分进行裁剪，如图3-34所示。

步骤08 裁剪后将自动放大裁剪后的画面，可以通过缩放或移动画面重新选择裁剪区域。拖动红色的旋转角度指针，调整画面旋转角度为-4°，然后点击☑按钮，如图3-35所示。

步骤09 返回一级工具栏，预览画面裁剪效果，如图3-36所示。

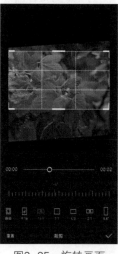

图3-34　设置裁剪比例和区域　　　图3-35　旋转画面　　　图3-36　预览裁剪效果

步骤⑩ 在轨道上选中第三段视频素材，点击"编辑"按钮🔳，然后点击"裁剪"按钮🔲，如图3-37所示。

步骤⑪ 按照同样的方法设置裁剪区域为画面右下方部分，并设置旋转角度为4°，然后点击✅按钮，如图3-38所示。

步骤⑫ 在裁剪工具栏中点击"镜像"按钮🔳水平翻转画面，如图3-39所示。此时，单独的一段空镜头视频即可拥有3种不同景别和角度的画面。

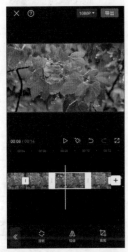 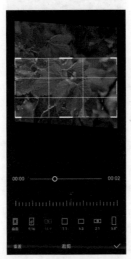 

图3-37　点击"裁剪"按钮　　　图3-38　设置旋转角度　　　图3-39　点击"镜像"按钮

↘ 3.2.5　使用"定格"功能凝固画面的精彩瞬间

使用剪映的"定格"功能可以凝固视频中的某个画面，从而起到突出某个瞬间的作用。定格的原理是在时间指针所在画面右侧生成3秒的静止帧。下面在剪映中导入一段跆拳道540°后旋踢的视频，然后将每次脚踢木板的瞬间定格，具体操作方法如下。

视频

使用"定格"
功能凝固画面的
精彩瞬间

步骤① 双指拉伸时间线，将其放大到最大，将时间指针定位到第一次脚踢木板的位置，选中视频素材，然后点击"定格"按钮🔳，如图3-40所示。

步骤② 此时即可生成3秒的静止帧素材，根据需要修剪素材的长度为0.3秒，如图3-41所示。

步骤③ 将时间指针定位到第二次脚踢木板的位置，同样设置定格并修剪静止帧的时长为0.3秒，如图3-42所示。接着设置第三次定格画面，设置完成后播放视频，预览效果。

图3-40 点击"定格"按钮　　图3-41 修剪帧定格长度　　图3-42 设置第二次定格

↘ 3.2.6 使用"复制"与"倒放"功能制作有趣视频

在剪辑过程中若要多次使用同一个素材，可以使用"复制"功能进行复制，而使用"倒放"功能则可以使视频从后向前进行播放。这两个功能结合在一起使用，可以制作有趣的视频。下面在剪映中导入一段跆拳道踢木板失误的视频素材，并使用"复制"与"倒放"功能将失误动作反复播放和倒放，具体操作方法如下。

视频

使用"复制"与
"倒放"功能
制作有趣视频

步骤01 双指拉伸时间线，将其放大到最大，将时间指针定位到脚踢得最高的位置，然后点击"分割"按钮 分割素材，如图3-43所示。

步骤02 将时间指针定位到人物刚刚从空中落地摔倒的位置，点击"分割"按钮 分割素材，如图3-44所示。

步骤03 选中分割后的素材，在下方点击"复制"按钮 ，即可复制该素材，如图3-45所示。

图3-43 点击"分割"按钮　　图3-44 点击"分割"按钮　　图3-45 点击"复制"按钮

步骤 **04** 将分割后的素材复制两次，此时轨道上有3个重复素材。选中第二个重复素材，点击"倒放"按钮◎，如图3-46所示。

步骤 **05** 开始倒放所选视频，等待倒放完成，如图3-47所示。

步骤 **06** 在轨道上选中第三个重复素材，在预览区域用两指向外拉伸放大画面，如图3-48所示。

图3-46　点击"倒放"按钮

图3-47　倒放完成

图3-48　放大画面

步骤 **07** 点击"变速"按钮◎，然后点击"常规变速"按钮✓，如图3-49所示。

步骤 **08** 向左拖动滑块，调整速度为0.3x，并选中"智能补帧"选项，然后点击✓按钮，如图3-50所示。

步骤 **09** 此时即可开始生成顺滑慢动作，如图3-51所示。

图3-49　点击"常规变速"按钮

图3-50　调整速度

图3-51　生成顺滑慢动作

↘ 3.2.7 设置画面比例和背景样式

视频画面比例默认为导入的第一个视频素材的画面比例，根据剪辑要求，用户可以将视频画面比例更改为其他比例，如抖音视频常用的9：16竖屏比例，微信朋友圈视频常用的16：9横屏比例等。在更改画面比例后，常常需要对视频的背景样式进行设置。下面将介绍设置画面比例和背景样式的具体操作方法。

视频

设置画面比例和
背景样式

步骤01 导入一段1：1画面比例的宠物视频素材，点击轨道空白处取消选中视频素材，在工具栏中点击"比例"按钮▣，如图3-52所示。

步骤02 在打开的界面中选择所需的比例，此处选择9：16，此时在预览区域可以看到画面比例已变为9：16，画面上下出现了黑边，如图3-53所示。

步骤03 返回一级工具栏，点击"背景"按钮▨。弹出的界面中有3种添加背景的方式，分别为"画布颜色""画布样式""画布模糊"。下面分别进行尝试，先点击"画布颜色"按钮❖，如图3-54所示。

图3-52 点击"比例"按钮　　　图3-53 选择9：16　　　图3-54 点击"画布颜色"按钮

步骤04 在打开的界面中可以选择预设的画布颜色，或者点击▨按钮，在拾色器中自定义颜色，还可点击"吸管"按钮✐，在视频画面中拖动色环工具吸取画面中的颜色，点击✔按钮，如图3-55所示。

步骤05 在背景设置工具栏中点击"画布模糊"按钮◐，打开"画布模糊"界面，可以看到画布背景为当前视频画面，选择所需的模糊程度，点击✔按钮，如图3-56所示。点击◎按钮，可以删除背景；点击"全局应用"按钮▤，可以将背景应用于主轨道上的所有视频素材。

步骤06 在背景设置工具栏中点击"画布样式"按钮▤，在打开的界面可以看到剪映提供的图片背景，向左滑动背景图标可以浏览其他图片背景，在此选择所需的背景图片，然后在预览区域用两指向内收缩缩小画面，点击✔按钮，效果如图3-57所示。还可在该界面点击▤按钮，导入手机中的图片作为画布背景。

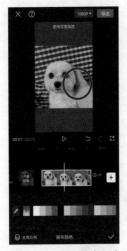

图3-55 设置画布颜色　　图3-56 设置画布模糊　　图3-57 设置画布样式

↘ 3.2.8 使用"替换"功能快速生成新视频

视频编辑完成后，若要制作同样效果的视频，无须重新制作，在剪映文件中使用"替换"功能将原素材替换为新素材即可，替换后的素材仍然会保留原素材的效果。使用"替换"功能快速生成新视频的具体操作方法如下。

视频

使用"替换"功能快速生成新视频

步骤01 为了替换素材后保留原有视频画面的效果，需要在进行素材替换前为原素材添加一个关键帧。将时间指针定位到素材的起始位置，在预览区域下方点击"添加关键帧"按钮，如图3-58所示。

步骤02 此时即可在素材上添加一个关键帧，在工具栏中点击"替换"按钮，如图3-59所示。添加的关键帧呈白色菱形图标，当时间指针移至关键帧时，关键帧变为红色菱形图标，"添加关键帧"按钮变为"删除关键帧"按钮。

图3-58 点击"添加关键帧"　　图3-59 点击"替换"按钮
按钮

步骤 **03** 打开"替换素材"界面，选择要替换的素材，如图3-60所示。需要注意的是，新选素材的时长要大于被替换素材的时长，否则无法进行替换。

步骤 **04** 进入"视频预览"界面，在下方拖动时间线选择视频片段，然后点击"确认"按钮，如图3-61所示。

图3-60　选择替换素材　　　图3-61　选择视频片段

步骤 **05** 由于新素材的画面比例为9∶16，与原素材不同，所以需要对其进行裁剪。在工具栏中点击"编辑"按钮，如图3-62所示。

步骤 **06** 在弹出的界面中点击"裁剪"按钮，如图3-63所示。

图3-62　点击"编辑"按钮　　图3-63　点击"裁剪"按钮

步骤 **07** 设置裁剪比例为1∶1，并选择裁剪范围，然后点击✓按钮，如图3-64所示。

步骤 **08** 此时，即可查看素材的替换效果，如图3-65所示。

步骤 **09** 使用"替换"功能除了可以将原素材替换为其他素材外，还可替换为原素材中的不同片段。操作方法为，再次点击"替换"按钮，在弹出的界面中重新选择该素材，在视频预览界面中拖动时间线选择新的视频片段，点击"确认"按钮，如图3-66所示。

图3-64 选择裁剪范围   图3-65 查看替换效果   图3-66 重新选择视频片段

3.2.9 使用"画中画"功能制作视频同框效果

视频

使用"画中画"功能制作视频同框效果

使用剪映的"画中画"功能可以添加多个视频轨道，让不同的视频素材出现在同一个画面中，从而制作视频同框效果。下面在剪映中导入两个视频素材，使用"画中画"功能使两个视频素材同时显示在画面中，具体操作方法如下。

步骤 01 在剪辑界面中点击"开始创作"按钮 ⊞ ，在打开的界面中选中两个视频素材，然后点击"添加"按钮，如图3-67所示。

步骤 02 按照前面介绍的方法设置画布比例为9∶16，然后设置画布背景，在"画布样式"中选择一个渐变背景，点击 ✓ 按钮，如图3-68所示。

步骤 03 在主轨道上选中第二个视频素材，点击"切画中画"按钮 ⋈ ，如图3-69所示。

图3-67 选中视频素材   图3-68 选择渐变背景   图3-69 点击"切画中画"按钮

步骤04 此时，即可将第二个视频素材切换到画中画轨道，如图3-70所示。

步骤05 在画中画轨道上长按第二个视频素材，将其向左移至时间线最左侧，然后向上拖动画面将其移至上方，并用两指向内收缩缩小画面，根据需要适当放大第一段视频画面，即可实现视频同框效果，如图3-71所示。

步骤06 由于两个视频素材都包括音频，因此需要将画中画中的音频静音。选中画中画视频素材，点击"音量"按钮 🔊，在弹出的界面中向左拖动音量滑块至0，然后点击 ✅ 按钮，如图3-72所示。

图3-70 切换到画中画轨道　图3-71 实现视频同框效果　图3-72 调整音量

↘ 3.2.10 使用"蒙版"功能遮挡部分画面

蒙版又称遮罩，是视频编辑中很实用的一种功能。使用剪映的"蒙版"功能可以轻松地遮挡或显示部分画面，具体操作方法如下。

视频

使用"蒙版"
功能遮挡部分
画面

步骤01 导入一段"雪景"视频素材，将时间指针定位到要添加画中画的位置，在工具栏中点击"画中画"按钮 回，然后点击"新增画中画"按钮 ➕，如图3-73所示。

步骤02 在打开的界面中将一段弹钢琴的视频素材导入画中画轨道，选中画中画视频素材，点击"蒙版"按钮 ◎，如图3-74所示。

步骤03 在打开的界面中选择一种蒙版样式，在此选择"圆形"蒙版 ◐，如图3-75所示。

步骤04 此时，即可显示出主轨道上的视频画面，拖动蒙版上的 ↕ 控制柄调整蒙版大小，拖动蒙版内部移动蒙版位置到要显示的区域，如图3-76所示。点击左下方的"反转"按钮 ⬗，可以使蒙版进行反向选择。

步骤05 拖动蒙版上的"羽化"控制柄 ≈，使蒙版边缘产生一定程度的虚化，使弹钢琴画面边缘形成自然过渡的效果，如图3-77所示。设置完成后，点击 ✅ 按钮。

步骤06 拖动画中画视频画面，将其移至雪景画面的右下方，如图3-78所示。

图3-73 点击"新增画中画"按钮　图3-74 点击"蒙版"按钮　图3-75 选择"圆形"蒙版

图3-76 调整蒙版大小和位置　图3-77 设置蒙版羽化　图3-78 移动画中画视频画面

↘ 3.2.11 使用"混合模式"功能进行画面融合

"混合模式"用于控制不同轨道之间画面的叠加混合效果，若只用一个主轨道来编辑视频，则不能形成画面叠加，所以需要使用画中画叠加素材画面。

使用"混合模式"可以营造出特殊的画面效果，如去除背景、使画面融合等。设置"混合模式"的方法：选中画中画视频素材，点击"混合模式"按钮，如图3-79所示，在弹出的界面中可以看到剪映提供的多种混合模式，如图3-80所示。默认的"混合模式"为"正常"，即上层画面完全覆盖下层画面，用户可以拖动不透明度滑块来调整画面的融合效果，如图3-81所示。

视频

使用"混合模式"功能进行画面融合

图3-79　点击"混合模式"按钮　　图3-80　多种混合模式　　图3-81　调整画面融合效果

　　除了"正常"模式外，剪映还提供了10种混合模式。根据效果可以将其分为3组，分别是"去暗"组、"去亮"组和"对比"组。

1. "去暗"组

　　"去暗"组包括"变亮""滤色""颜色减淡"3种混合模式，画面混合后可以使画面变得更亮，去除较暗的部分。

　　● 变亮：用上层轨道上较亮的像素代替下层轨道上与之相对应的较暗的像素，且用下层轨道上的较亮像素代替上层轨道上的较暗像素，因此画面混合后呈亮色调，效果如图3-82所示。

　　● 滤色：在整体效果上显示由上层轨道及下层轨道的像素中较亮的像素合成的画面效果，通常会得到一种漂白的画面效果，效果如图3-83所示。"滤色"混合效果常用于素材的合成，它会完全过滤黑色，显示亮色。

图3-82　"变亮"混合模式　　　　　　图3-83　"滤色"混合模式

　　● 颜色减淡：该效果可以生成很亮的合成效果，轨道顺序影响结果。混合画面中亮的变亮较多，暗的变亮较少，对比度降低，效果如图3-84所示。

2. "去亮"组

　　"去亮"组包括"变暗""正片叠底""颜色加深""线性加深"4种混合模式，画面混合后可以使画面变得更暗，去除较亮的部分。

图3-84 "颜色减淡"混合模式

● 变暗：与"变亮"混合模式相对应，它用上层轨道上的较暗像素代替下层轨道上与之相对应的较亮像素，且用下层轨道上的较暗像素代替上层轨道上的较亮像素，因此两个轨道上较暗的像素将作为混合后的保留，更亮的像素将被替换，更暗的像素则保持不变，画面混合后成暗色调，效果如图3-85所示。

● 正片叠底：与"滤色"混合模式相对应，混合后的效果显示为由上层轨道及下层轨道的像素中较暗的像素合成的画面效果，效果如图3-86所示。使用"正片叠底"混合模式，任意颜色与黑色重叠时将产生黑色，任意颜色和白色重叠时颜色保持不变。

图3-85 "变暗"混合模式

图3-86 "正片叠底"混合模式

● 颜色加深：与"颜色减淡"混合模式相对应，可以生成很暗的合成效果，轨道顺序影响结果。混合画面中暗的变暗较多，亮的变暗较少，对比度提高，效果如图3-87所示。需要注意的是，使用该模式时，任意颜色与黑色和白色混合，画面不会发生变化。

● 线性加深：与"颜色加深"混合模式的原理相同，其混合效果很接近，该效果还会通过降低亮度使下层轨道上像素的颜色变暗来反映混合色，效果如图3-88所示。

图3-87 "颜色加深"混合模式

图3-88 "线性加深"混合模式

3. "对比"组

"对比"组包括"叠加""柔光""强光"3种混合模式，该组的混合模式是以128色阶的灰色为界，让亮的地方更亮，暗的地方更暗，起到增强对比的作用。

● 叠加：该混合模式实际上是"正片叠底"混合模式和"滤色"混合模式的一种

混合。下层轨道画面控制着上层轨道画面，可以使其变亮或变暗，最终效果取决于下层轨道画面。比灰色暗的区域将采用"正片叠底"混合模式变暗，比灰色亮的区域则采用"滤色"混合模式变亮，效果如图3-89所示。

● 柔光：使颜色变亮还是变暗取决于混合色（即上层轨道上的像素颜色，基色为下层轨道上的像素颜色）。若混合色比基色亮一些，则结果色更亮；若混合色比基色暗一些，则结果色更暗。与"叠加"混合模式相比，"柔光"混合模式的合成效果相对温和，效果如图3-90所示。

图3-89 "叠加"混合模式

图3-90 "柔光"混合模式

● 强光：与"柔光"混合模式原理相同，但合成效果比"柔光"混合模式要强烈许多。在"强光"混合模式下，当前轨道上比灰色亮的像素会使图像变亮，比灰色暗的像素会使图像变暗，但纯黑色和纯白色将保持不变，效果如图3-91所示。

图3-91 "强光"混合模式

↘ 3.2.12 使用"关键帧"功能制作动画

关键帧的作用是记录轨道素材的所有关键信息。在轨道上为素材添加关键帧，可以在素材上实现各种动画效果，如位置移动、画面大小缩放、滤镜强弱变化、蒙版变化、音量大小变化、不透明度变化等。

使用关键帧制作动画至少需要2个以上的关键帧，并改变其中某个关键帧的属性，程序会自动计算并生成2个关键帧之间的动画效果。下面使用"关键帧"功能通过改变画面的位置和缩放属性，制作视频轮播动画效果和运镜动画效果。

1. 制作视频轮播动画效果

下面使用"关键帧"功能制作4个视频画面的轮播动画，具体操作方法如下。

视频

制作视频轮播动画效果

步骤 **01** 导入一段"风铃晃动"的视频素材，并修剪视频素材时长为3秒。将时间指针定位到最左侧（即0秒位置），然后在时间线上方点击"添加关键帧"按钮◇，添加第一个关键帧，如图3-92所示。

步骤 **02** 用两指放大时间线到最大，将时间指针定位在1秒位置，点击"添加关键帧"按钮◇，添加第二个关键帧，如图3-93所示。

步骤 **03** 将时间指针定位在2秒位置，点击"添加关键帧"按钮◇，添加第三个关键帧，如图3-94所示。

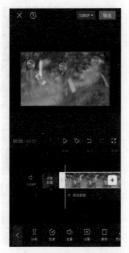 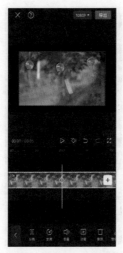 

图3-92　添加第一个关键帧　图3-93　添加第二个关键帧　图3-94　添加第三个关键帧

步骤 **04** 将时间指针定位在3秒位置，如图3-95所示。

步骤 **05** 将视频画面垂直向上拖出画布，画面下边与画布顶部对齐，由于画面发生了运动，此时程序将自动添加第四个关键帧，如图3-96所示。

步骤 **06** 此时在2秒和3秒两个关键帧之间就会形成画面向上移动的位置动画，拖动时间线预览动画效果。选中视频素材，在工具栏中点击"复制"按钮，如图3-97所示。

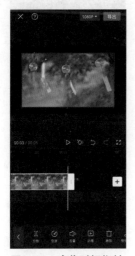  

图3-95　定位时间指针　　图3-96　移动画面位置　　图3-97　点击"复制"按钮

步骤 **07** 此时，即可在右侧得到一个视频素材，点击"切画中画"按钮，如图3-98所示，将复制的视频素材切换到画中画轨道。

步骤 **08** 将时间指针定位到2秒位置，然后在画中画轨道上拖动视频素材到时间指针位置，使视频素材的起始位置与时间指针对齐，如图3-99所示。

步骤 **09** 选中画中画轨道上的视频素材，将视频画面垂直向下拖出画布，画面上边与画布底部对齐，如图3-100所示。

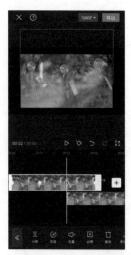
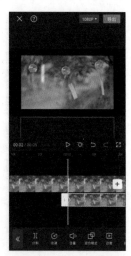

图3-98　点击"切画中画"按钮　　图3-99　拖动素材位置　　图3-100　移动画面位置

步骤⑩ 此时在2秒和3秒之间即可生成2个视频画面的轮播动画效果，如图3-101所示。

步骤⑪ 选中画中画轨道上的视频素材，在工具栏中点击"复制"按钮🔲，如图3-102所示。

步骤⑫ 将复制的视频素材向下拖至画中画下层轨道，此时画中画中出现两个轨道，下层轨道的层级较高，将视频素材向左拖至4秒位置，如图3-103所示。

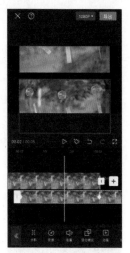

图3-101　预览轮播效果　　图3-102　点击"复制"按钮　　图3-103　调整轨道和位置

步骤⑬ 采用同样的方法，再次复制画中画2级轨道上的视频素材，并将其拖至画中画3级轨道，然后将视频素材移至6秒位置。返回一级工具栏，通过主轨道上的缩览气泡可以看到添加的画中画视频素材，点击缩览气泡，即可选中查看的视频素材，如图3-104所示。

步骤⑭ 因为主轨道时长只有3秒，4个视频画面轮播需要9秒，所以需要在主轨道上添加透明素材来延长视频时长。在轨道右侧点击"添加素材"按钮➕，在弹出的界面上方点击"素材库"选项，选择"热门"分类中的透明素材，然后点"添加"按钮，如图3-105

所示。

步骤⑮ 修剪透明素材，将其结束滑块移动至9秒位置，如图3-106所示。

图3-104 查看画中画视频素材　　图3-105 添加透明素材　　图3-106 修剪透明素材

步骤⑯ 按照前面介绍的方法设置画布背景，在"画布"样式中选择一个背景图片，点击"全局应用"按钮，然后点击✓按钮，如图3-107所示。

步骤⑰ 在主轨道上将时间指针定位到视频素材的第一个关键帧位置，然后将视频画面放大至全屏，此时在第一个关键帧和第二个关键帧之间即可生成缩放动画，如图3-108所示。

步骤⑱ 使用"替换"功能分别将画中画视频素材替换为其他视频素材，如图3-109所示，在预览区域预览视频轮播动画的最终效果。

 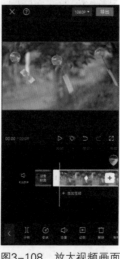 

图3-107 设置画布样式　　图3-108 放大视频画面　　图3-109 替换画中画视频素材

2. 制作运镜动画效果

使用"关键帧"功能制作画面缩放动画可以轻松模拟推拉运镜效果。下面利用关键帧制作希区柯克式的变焦运镜效果，具体操作方法如下。

视频

制作运镜动画效果

步骤 01 导入一段向前推进镜头的视频素材，画面中的汽车逐渐由小变大。将时间指针定位到最左侧，然后点击"添加关键帧"按钮◇添加第一个关键帧，如图3-110所示。

步骤 02 将时间指针定位到7秒位置，添加第二个关键帧，如图3-111所示。

步骤 03 将时间指针重新定位到第一个关键帧，参照第二个关键帧中汽车的大小和位置对画面进行重新构图，使两个画面主体的大小和位置相似，如图3-112所示。制作完成后预览动画效果，可以看到随着时间的推移，画面中主体的大小和位置基本不变，而背景透视发生剧烈改变，呈现出背景远离主体的视觉效果。

图3-110　添加第一个关键帧　　图3-111　添加第二个关键帧　　图3-112　调整画面构图

↘ 3.2.13　使用"抠像"功能进行画面合成

在剪映中可以运用3种功能进行视频抠像，分别为"混合模式""色度抠图"和"智能抠像"，下面运用这些功能进行画面合成。

1. 使用"混合模式"功能进行画面合成

首先导入"傍晚海岸"风景视频和"月亮"视频，然后使用"混合模式"功能将月亮合成到风景视频的天空中，具体操作方法如下。

视频

使用"混合模式"功能进行画面合成

步骤 01 导入"傍晚海岸"风景视频素材，将时间指针定位到最左侧，在工具栏中点击"画中画"按钮◻，然后点击"新增画中画"按钮➕，如图3-113所示。

步骤 02 进入"添加素材"界面，在上方点击"素材库"选项，搜索"月亮"，选择所需的"月亮"视频素材，然后点击"添加"按钮，如图3-114所示。

步骤 03 此时即可在画中画中添加"月亮"视频素材。在预览区域可以看到，要进行画面合成就需要去除"月亮"视频素材中的黑色背景。根据混合模式的叠加原理，具有去黑作用的混合模式有"变亮""滤色""颜色减淡"3种。在轨道上选中"月亮"视频素材，点击"混合模式"按钮，如图3-115所示。

 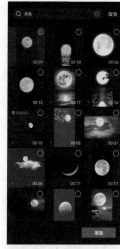 

图3-113 点击"新增画中画"按钮　图3-114 添加素材　图3-115 点击"混合模式"按钮

步骤 04 在弹出的界面中分别尝试3种混合模式效果，经过对比最终选择"变亮"混合模式，点击按钮，如图3-116所示。

步骤 05 将月亮图像适当放大，选中画中画视频素材，点击"蒙版"按钮，在弹出的界面中选择"圆形"蒙版，调整蒙版的大小、角度和羽化，然后点击按钮，如图3-117所示。

步骤 06 缩小月亮图像，将其移至风景视频画面的左上方，如图3-118所示。

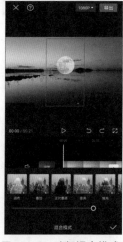 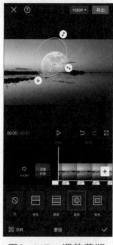 

图3-116 选择混合模式　图3-117 调整蒙版　图3-118 移动月亮图像

2. 使用"色度抠图"功能进行画面合成

使用"色度抠图"功能可以吸取绿幕视频素材中的背景颜色，并将其从画面中抠除，从而使视频素材的背景变得透明，这样视频主体就可以与下层轨道上的视频画面进行合成。

视频

使用"色度抠图"功能进行画面合成

下面导入一段"古城"风景视频和"老鹰飞翔"绿幕视频，然后使用"色度抠图"功能将老鹰合成到风景视频中并制作关键帧动画，具体操作方法如下。

步骤 01 导入风景视频，将时间指针定位到要添加画中画的位置，在工具栏中点击"画中画"按钮▣，然后点击"新增画中画"按钮▣，如图3-119所示。

步骤 02 将"老鹰飞翔"视频素材导入画中画轨道，并对其长度进行修剪。选中画中画视频素材，然后点击"色度抠图"按钮◉，如图3-120所示。

步骤 03 在弹出的界面中点击"取色器"按钮◉，然后拖动色环工具选取画面中的背景颜色，如图3-121所示。

图3-119 点击"新增画中画"　　图3-120 点击"色度抠图"　　图3-121 选取背景颜色
按钮　　　　　　　　　　　　按钮

步骤 04 点击"强度"按钮▣，拖动滑块调整抠除绿幕背景的强度，如图3-122所示。

步骤 05 点击"阴影"按钮◉，拖动滑块调整阴影不透明度，让画面主体边缘变得饱满，点击☑按钮，如图3-123所示。若抠图不够彻底，可以再次进行色度抠图操作。

步骤 06 将时间指针定位到画中画视频素材最左侧，添加关键帧，然后调整老鹰图像的大小和角度，并将其向左上方移动直至移出画布，如图3-124所示。

步骤 07 将时间指针向右移动一段距离，将老鹰图像移至画面中，调整其位置并旋转角度，如图3-125所示。

步骤 08 将时间指针再向右移动一段距离，调整老鹰图像的大小和角度，将其向右上方移动直至移出画布，如图3-126所示。

步骤 09 在预览区域预览老鹰在风景视频画面中飞翔的合成效果，如图3-127所示。

图3-122 调整"强度"滑块　图3-123 调整"阴影"滑块 图3-124 调整图像位置和角度

图3-125 调整图像位置和角度 图3-126 调整图像位置和角度 图3-127 预览合成效果

3. 使用"智能抠像"功能进行画面合成

若视频画面的背景不是单一背景，则要进行画面抠像合成，可以使用剪映的"智能抠像"功能，一键将视频画面中的主体对象单独抠取出来。下面使用"智能抠像"功能将一段人物走路的视频合成到另一段风景视频中，具体操作方法如下。

视频

使用"智能抠像"功能进行画面合成

步骤 **01** 导入一段风景视频，在工具栏中点击"画中画"按钮▣，然后点击"新增画中画"按钮▣，如图3-128所示。

步骤 **02** 将人物走路的视频素材导入到画中画轨道，并对视频素材长度进行修剪。选中画中画视频素材，然后点击"智能抠像"按钮▣，如图3-129所示。

步骤 **03** 开始进行智能抠像，处理完成后即可预览视频画面合成效果，如图3-130所示。

图3-128 点击"新增
画中画"按钮

图3-129 点击"智能
抠像"按钮

图3-130 预览视频画面合成效果

3.2.14 使用"动画"功能让画面更具动感

使用剪映的"动画"功能可以为视频添加各种动画效果，包括入场动画、出场动画和组合动画3种类型。添加动画效果可以让视频画面更具动感，让视频素材之间的转场变得生动、流畅，具体操作方法如下。

视频

使用"动画"
功能让画面更具
动感

步骤 01 导入3个花草视频素材，并将每个视频素材修剪为3秒。选中第一个视频素材，点击"动画"按钮▶，如图3-131所示。

步骤 02 在弹出的界面中选择要添加的动画类型，此处点击"组合动画"按钮✦，如图3-132所示。

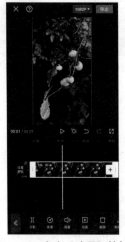

图3-131 点击"动画"按钮

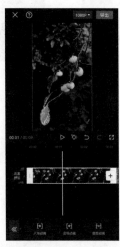

图3-132 点击"组合动画"
按钮

步 骤 03 在弹出的界面中选择"抖入放大"效果，然后拖动滑块调整动画效果的作用时间，此处将时长调到最大限度，使整个片段都应用该动画，点击 ☑ 按钮，如图3-133所示。采用同样的方法，为第二个视频素材添加"形变缩小"动画效果，为第三个视频素材添加"缩小旋转"动画效果。

图3-133 选择放大效果

↘ 3.2.15 使用"防抖"和"降噪"功能优化视频

使用剪映的"防抖"功能可以消除手持拍摄带来的画面抖动，使画面变得平稳；使用"降噪"功能则可以调节视频内部的声音环境，减少噪声。使用"防抖"和"降噪"功能优化视频的具体操作方法如下。

视频

使用"防抖"和"降噪"功能优化视频

步 骤 01 导入手持拍摄的视频素材，选中视频素材，点击"防抖"按钮 █，如图3-134所示。

图3-134 点击"防抖"按钮

步骤 **02** 在弹出的界面中拖动滑块选择防抖程度，可以结合上方的视频预览选择合适的防抖效果，此处选择"推荐"选项，点击✔按钮，如图3-135所示。

步骤 **03** 导入一段带有环境噪声的视频素材，选中视频素材，点击"降噪"按钮⫴，如图3-136所示。

步骤 **04** 在弹出的界面中打开"降噪开关"按钮⚫O，并预览降噪效果，然后点击✔按钮，如图3-137所示。

图3-135 选择防抖效果

图3-136 点击"降噪"按钮

图3-137 启用降噪功能

课后练习

1. 在剪映中导入"素材文件\第3章\课后练习\视频1.mp4"文件，使用变速功能控制画面的快慢节奏。

2. 在剪映中导入"素材文件\第3章\课后练习\视频2.mp4"文件，使用画中画和蒙版功能制作空间倒置效果。

3. 在剪映中导入"素材文件\第3章\课后练习\视频3.mp4"文件，使用混合模式功能制作雨夜效果。

4. 在剪映中导入"素材文件\第3章\课后练习\视频4.mp4"文件，使用蒙版和关键帧功能制作文字遮挡出现效果。

第4章
短视频的剪辑流程和快剪

【学习目标】

➢ 熟悉短视频剪辑的思路。
➢ 掌握短视频的基本剪辑流程。
➢ 掌握短视频快剪的方法与技巧。

【技能目标】

➢ 能够针对不同类型的短视频采取不同的剪辑思路。
➢ 能够运用剪映全流程地剪辑短视频。
➢ 能够运用剪映的快剪功能快剪短视频。

【素养目标】

➢ 坚持文化自信,讲好中国故事,用短视频弘扬中华传统文化。
➢ 在短视频创作中发扬创新精神,不断提升个人创造力和创新能力。

　　在剪辑短视频之前,短视频创作者要有一个清晰的剪辑思路。本章将讲解各类短视频的常见剪辑思路,并通过剪辑一个完整的短视频介绍使用剪映剪辑短视频的基本流程,然后介绍如何使用剪映的快剪功能快速剪辑短视频。

4.1 短视频剪辑的思路

学会了剪辑工具的操作方法不代表学会了视频剪辑。对视频剪辑而言，处理视频素材时，思路往往更重要。下面简要介绍不同类型短视频的常见剪辑思路。

↘ 4.1.1 Vlog剪辑思路

Vlog常见的剪辑思路主要包括以下5种。

1. 快慢结合

调整Vlog播放速度，使Vlog具有"呼吸感"。调慢Vlog播放速度，可以营造一种浪漫或悬念式的时刻重点；加快Vlog播放速度，可以将十几分钟的Vlog压缩到数秒钟，呈现车水马龙、斗转星移等快速变化的效果。

2. 远近结合

除了速度的变化外，镜头的变化也很重要。如果一直采用近景或远景镜头，很容易让观众产生视觉疲劳，而远近结合的镜头可以让Vlog变得灵动起来，内容也会显得更加饱满。

3. 配乐烘托

恰如其分的背景音乐可以烘托Vlog的气氛，让其焕发出不一样的光彩。在选择配乐前，短视频创作者首先要搞清Vlog要表达的情绪是欢快的，还是忧伤的；画面是明亮的，还是阴暗的；场景是快速变化的，还是缓慢移动的，以此来确定配乐的基调。在剪辑配乐时，只需保留需要的部分，并为其添加淡入淡出效果。当Vlog中有人说话时，需要把配乐的音量调低。

4. 音乐卡点

确定了背景音乐之后，可跟着音乐节奏剪辑视频。例如，选取乐曲当中的某个乐器（如鼓点、人声等），根据它分割视频段落，并分别配上合适的视频素材。例如，在音乐高潮部分配上恰当的视频素材，如跳跃动作、烟花绽放等。

5. 添加字幕

除了画面和声音外，一个完整的Vlog还需要添加必要的字幕。例如，为Vlog添加标题来点明主题，让观众迅速了解该Vlog要讲什么内容。此外，有时还需要在Vlog中添加一些说明性的文字，让观众更容易看懂视频内容，如添加时间和地点信息、出镜人物信息、物品名称等。

↘ 4.1.2 旅拍类短视频剪辑思路

旅拍类短视频常见的剪辑思路主要包括以下6种。

1. 剪辑要做减法

很多新手在剪辑旅拍类短视频时遇到的最多的问题可能就是素材太多，不知道从何下手，因此在剪辑时要遵循"做减法"的原则，也就是在现有视频的基础上尽量删除那些没有太大意义的素材，与此同时还要保证视频整体的故事性。

2. 厘清剪辑逻辑

在剪辑旅拍类短视频时，短视频创作者既可以按照时间线进行剪辑，即按照旅行的第一天、第二天等时间变化来剪辑；也可以按照地点线进行剪辑，即按照旅行的地点变化来剪辑。此外，在剪辑旅拍类短视频时，开场通常用脚步、打开窗帘这种具有开篇属性的镜头，结尾可以用日落或者人物走出镜头等来收尾，而中间的镜头不必遵循游玩的顺序，可以将相似光照条件的镜头剪到一起，或者将相似的动作剪到一起。

3. 转场与场景相结合

常见的旅拍转场方式包括遮挡转场、天空转场、同内容或相似物转场，短视频创作者在剪辑时应考虑这些转场方式怎样与场景相结合。剪辑的目的是让叙事节奏变得更加流畅，让观众融入短视频当中。除非必要，否则不要使用太多的转场效果，因为这样会分散观众的注意力。

4. 混剪要混而不乱

混剪是指将拍摄到的风景和人物素材混合剪辑在一起。为了混而不乱，短视频创作者在挑选素材时要将风景和人物穿插排列，呈现出特别的分镜效果，这样即使没有特定的情节，看起来也不会单调。

5. 视频调色要适宜

在对旅拍类短视频调色时，可以直接套用调色滤镜，并将滤镜强度调整为合适的强度。由于每个场景画面的明暗不同，在调色时除了要调整曝光和对比度外，还要适当地调整色温和色相，使短视频画面的色彩保持统一。

6. 配乐注重节奏感

旅拍类短视频的配乐应在保证不喧宾夺主的情况下，尽量选择音波起伏比较明显的音乐。节奏感好的旅拍类短视频一般都会有铺垫、爬升、反转、高潮这些段落情节，相应的音乐和剪辑也会有缓急上的变化。除了节奏感之外，音效也发挥着重要的作用。例如，短视频中可以加入足球赛场的环境音，人们的呐喊声，或者街头的叫卖声，等等。合理利用这些环境音能够让短视频更具氛围感。

↘ 4.1.3　故事类短视频剪辑思路

故事类短视频常见的剪辑思路主要包括以下4种。

1. 精剪画面

故事类短视频主要靠情节吸引观众，后期剪辑时为了使故事情节更加紧凑，需要对短视频中无意义的画面进行删减，只保留对剧情有意义的画面。一般将每个镜头的时长尽量控制在3秒以内，通过画面不断变化来吸引观众持续看下去。

2. 不添加炫酷的转场效果

在故事类短视频的镜头之间不要添加炫酷的转场效果，要让每个画面的切换都干净利落，让观众的注意力集中在故事情节上。

3. 简化字幕

通过简单的几个字表明画面中的内容，并将其放在醒目的位置上，有助于观众在短时间内了解故事情节。

4. 使用特效渲染画面

在故事类短视频最后的反转情节中，短视频创作者可以为画面添加慢动作、画面特效、音效等，以凸显画面氛围。

↘ 4.1.4　美食类短视频剪辑思路

美食类短视频常见的剪辑思路主要包括以下4种。

1. 把握画面切换节奏

在介绍所需食材或调料时，要尽量简短，让每种食材的出现时长基本一致，从而呈现出一种节奏感。

2. 添加关键信息字幕

为了让制作美食的每个步骤都清晰明了，需要在画面中添加简短的文字，介绍所加调料、烹饪时间等关键信息。

3. 调整画面色彩

运用剪辑工具的调色功能，增加画面的色彩饱和度，从而让菜肴的色彩更加浓郁，刺激观众的食欲。

4. 添加烹饪方法图片

美食类短视频的节奏往往比较紧凑，观众在看完一遍后往往很难记住所有步骤，因此可以在视频的最后加入烹饪方法的图文介绍，这样能让短视频更受欢迎。

↘ 4.1.5　带货类短视频剪辑思路

带货类短视频常见的剪辑思路主要包括以下2种。

1. 展示最具特点的商品细节

为了有良好的完播率，带货类短视频一般会严格控制时长，一般不会超过30秒，所以剪辑这类短视频时无须复杂的镜头设计。这就要求短视频创作者在剪辑视频时精准提炼出商品本身的亮点，并在短时间内将其进行展示。对于服装、饰品等品类的商品，可以尝试拉近镜头展示工艺细节，并强调卖点；对于工具类的商品，则要讲清楚其最重要的用途，以及与同类工具相比的优势。

2. 利用对比/夸张的元素营造视觉冲击

要想使带货类短视频快速吸引观众的目光，具有视觉冲击力的对比/夸张的元素一般必不可少。在带货类短视频中，常见的表现形式就是商品使用前后的效果对比。

4.2　短视频的基本剪辑流程

下面将通过一个短视频剪辑案例详细介绍使用剪映剪辑短视频的基本流程，包括粗剪视频、添加音乐并精剪视频、添加转场和动画、视频素材调色、添加字幕、添加画面特效、制作封面并导出等。

↘ 4.2.1　粗剪视频

本案例对在"大唐不夜城"步行街游玩时拍摄的视频进行剪辑，包括16个镜头，按照空间和叙事逻辑进行剪辑，展示的内容首先是"大唐不夜城"步行街全景（包括2个航拍镜头），然后是彩车和装扮好的演员在街上巡游（包括5个镜头），接着是君臣将士表演（包括3个镜头），最后是各种舞台表演、诗歌表演、行为艺术表演（包括6个镜头）。

视频

粗剪视频

下面先将视频素材依次导入剪映中，对视频素材进行粗剪，去掉无用的片段，并对视频素材进行简单的画面构图调整，具体操作方法如下。

步骤 01 打开剪映剪辑界面，点击"开始创作"按钮 ，如图4-1所示。

步骤 02 进入"添加素材"界面，依次选中两个航拍视频素材，点击"添加"按钮，如图4-2所示。

步骤 03 进入视频剪辑界面，使用"分割"功能对第一个视频素材中画面晃动的片段进行分割，然后选中该片段，点击"删除"按钮 ，如图4-3所示。

图4-1　点击"开始创作"按钮　　图4-2　添加视频素材　　图4-3　分割并删除视频素材

步骤 04 选中第二个视频素材，拖动起始滑块和结束滑块修剪其长度，使视频素材只保留需要的部分，如图4-4所示。

步骤 05 选中时间线最右侧的片尾，点击"删除"按钮 ，删除剪映自动添加的片尾，如图4-5所示。

步骤 06 点击轨道右侧的"添加素材"按钮 ，在打开的界面中选中5个彩车巡游的视频素材，在界面下方长按并左右拖动视频缩览图调整播放顺序，如图4-6所示。

图4-4　修剪视频素材长度

图4-5　删除片尾

图4-6　调整播放顺序

步骤 **07** 在"添加素材"界面点击时长较长的视频素材，进入视频预览界面，点击左下方的"裁剪"按钮，如图4-7所示。

步骤 **08** 进入"裁剪"界面，拖动左右两侧的滑块裁剪视频素材，然后点击 ✔ 按钮，如图4-8所示。采用同样的方法对其他视频素材进行裁剪，然后点击"添加"按钮。

步骤 **09** 进入视频剪辑界面，在5个彩车巡游视频素材中预览第一个素材，可以看到画面右侧露出了游客的身影，如图4-9所示。

图4-7　点击"裁剪"按钮

图4-8　裁剪视频素材

图4-9　预览视频素材

步骤 **10** 选中该视频素材，在预览区域使用两指向外拉伸放大画面，然后向右拖动画面，将右侧的游客身体移出画布，如图4-10所示。

步骤 **11** 预览第五个彩车巡游视频素材，在轨道中选中该视频素材，在预览区域使用两指向外拉伸放大画面，重新调整画面构图，如图4-11所示。

步骤⑫ 在工具栏中点击"编辑"按钮🗂，然后点击"镜像"按钮△水平翻转画面，使人物走路的方向与前几个视频素材中的方向一致，如图4-12所示。

图4-10 放大并移动画面　　图4-11 重新调整画面构图　　图4-12 点击"镜像"按钮

步骤⑬ 在时间轴中继续添加3个视频素材并进行修剪，第一个为"梦长安"主题演出，后两个为"贞观之治"主题演出，如图4-13所示。

图4-13 添加并修剪视频素材

步骤⑭ 在时间轴中添加剩余的6个视频素材并进行修剪，素材内容主要为霓裳羽衣表演、小舞台西域舞蹈表演、诗歌艺术表演、不倒翁女孩表演等，如图4-14所示。

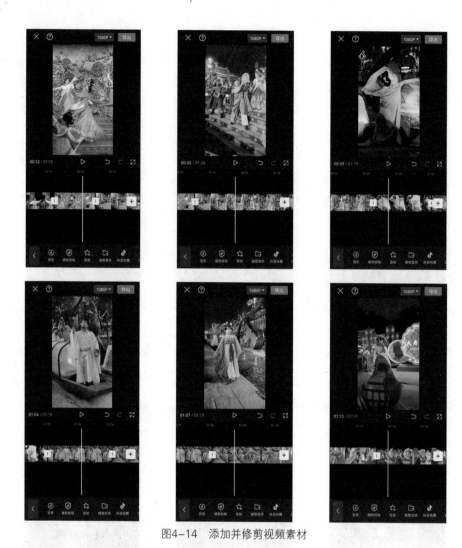

图4-14　添加并修剪视频素材

↘ 4.2.2　添加音乐并精剪视频

下面在短视频中添加音乐，并根据音乐节奏对视频素材的剪辑点进行调整，具体操作方法如下。

视频

添加音乐并精剪视频

步骤 **01** 将时间指针定位到时间线最左侧，点击"音频"按钮🎵，然后点击"音乐"按钮🎵，如图4-15所示。由于视频素材的原声是静音状态，在此无须进行"关闭原声"操作。

步骤 **02** 进入"添加音乐"界面，按音乐类型添加音乐，也可以添加推荐或收藏的音乐，还可以搜索音乐进行添加。此处点击界面上方的搜索框，如图4-16所示。

步骤 **03** 输入文字"大唐"搜索音乐。在搜索结果中点击音乐名称试听音乐，如图4-17所示，找到要使用的音乐后点击音乐名称右侧的"使用"按钮。

图4-15　点击"音乐"按钮

图4-16　点击搜索框

图4-17　搜索并试听音乐

步骤 **04** 此时即可将音乐添加到音频轨道，对音乐进行裁剪（与裁剪视频的方法相同）。使用"分割"功能在第35秒位置分割音乐素材，然后删除右侧的音乐素材，如图4-18所示。

步骤 **05** 选中音乐素材，点击"音量"按钮 🔊，在弹出的界面中向左拖动滑块减小音量，然后点击 ✓ 按钮，如图4-19所示。

步骤 **06** 点击"淡化"按钮 🔳，在弹出的界面中拖动"淡出时长"滑块，调整淡出时长为1.5秒，然后点击 ✓ 按钮，如图4-20所示。

图4-18　分割并删除音乐素材

图4-19　减小音量

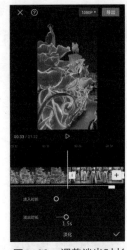

图4-20　调整淡出时长

步骤 **07** 点击"踩点"按钮 🔳，在弹出的界面中打开"自动踩点"开关按钮 ⚪，再点击"踩节拍‖"按钮，在音乐中自动添加节拍点，然后点击 ✓ 按钮，如图4-21所示。

步骤 **08** 选中第一个视频素材，向左拖动结束滑块，修剪视频素材的结束位置到第三个节拍点位置，如图4-22所示。根据音乐节奏修剪第二、三、四个视频素材。在修剪视频素材时，剪映会将修剪位置与节拍点进行自动吸附。

步骤 09 选中第五个视频素材，该视频素材时长较长，需要通过曲线变速使时长变短。在进行变速前，需要确定好变速后的时长。根据音乐节奏将时间指针定位到视频素材要结束的位置，然后点击"分割"按钮 ⅠⅠ，如图4-23所示。

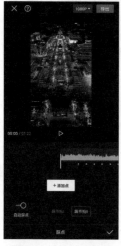

图4-21 添加节拍点　　　图4-22 修剪视频素材结束位置　　图4-23 定位时间指针并
点击"分割"按钮

步骤 10 选中分割后左侧的视频素材，在视频素材的左上方查看当前时长，如图4-24所示。

步骤 11 点击预览区域下方的"撤销"按钮 ⌒，撤销分割操作，如图4-25所示。

步骤 12 选中视频素材，点击"变速"按钮 ◎，然后点击"曲线变速"按钮 ～，如图4-26所示。

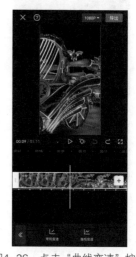

图4-24 查看当前时长　　　图4-25 点击"撤销"按钮　　图4-26 点击"曲线变速"按钮

步骤 13 在弹出的界面中选择"自定"选项，然后点击"点击编辑"按钮，如图4-27所示。

步骤 14 在弹出的界面中添加速度控制点，并根据需要调整各速度控制点的速度，使视频变速后的时长变为3.0秒，然后点击✓按钮，如图4-28所示。

步骤 15 采用同样的方法，根据音乐节奏继续修剪其他视频素材，其中对"梦长安"主题演出的视频素材进行曲线变速调整，如图4-29所示。

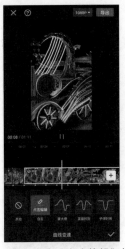

图4-27　点击"点击编辑"按钮

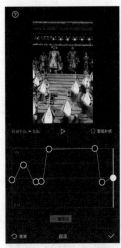

图4-28　调整时长　　　图4-29　调整曲线变速

步骤 16 视频素材精修完成后，在视频结尾修剪最后一个视频素材的结束位置和音乐的结束位置，使两者对齐，如图4-30所示。

步骤 17 在时间轴中预览视频素材精修后的效果，若要重新调整视频片段的位置，可以在轨道上选中视频素材，点击"替换"按钮，如图4-31所示。

步骤 18 在弹出的界面中重新选择该视频素材，在"视频预览"界面中拖动时间指针选择新的视频片段，然后点击"确认"按钮，如图4-32所示。

图4-30　对齐结束位置

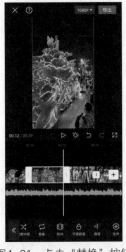

图4-31　点击"替换"按钮

图4-32　选择新的视频片段

步骤 ⑲ 此时即可将该视频素材替换为新的片段，在预览区域用两指向外拉伸放大画面，重新调整画面构图，如图4-33所示。

步骤 ⑳ 预览视频效果时，会发现"梦长安"视频素材画面不够稳定，在轨道上选中该视频素材，点击"防抖"按钮，如图4-34所示。

步骤 ㉑ 在弹出的界面中拖动滑块选择"最稳定"效果，点击 ✓ 按钮，如图4-35所示。

图4-33 调整画面构图　　　图4-34 点击"防抖"按钮　　　图4-35 选择防抖效果

↘ 4.2.3 添加转场和动画

下面在短视频中添加转场效果和动画效果，使镜头切换变得流畅、自然，具体操作方法如下。

视频

添加转场和动画

步骤 ① 点击第一个视频素材和第二个视频素材之间的"转场"按钮，如图4-36所示。

步骤 ② 在弹出的界面中点击"基础转场"分类，选择"叠化"转场，拖动滑块调整转场时长为0.8秒，然后点击 ✓ 按钮，如图4-37所示。

步骤 ③ 添加"叠化"转场效果后，可以看到两个视频素材的切换位置变为斜线，如图4-38所示。斜线表示该转场效果将两个视频素材转场位置的片段进行重叠，从而导致两个视频素材的时长缩短，将影响后面视频素材的音乐踩点。

步骤 ④ 在轨道上选中转场前的视频素材，可以看到视频素材的右下方出现一个三角形图标，三角形左侧的点即转场开始的点。向右拖动视频素材的结束滑块，使三角形左侧的点与原踩点位置对齐，效果如图4-39所示。

步骤 ⑤ 点击第二个视频素材和第三个视频素材之间的转场按钮，在弹出的界面中点击"特效转场"分类，选择"炫光II"转场效果，拖动滑块调整转场时长，点击 ✓ 按钮，如图4-40所示。

步骤 ⑥ 添加"炫光II"转场效果后，可以看到两个视频素材之间的转场位置仍然为直

线，表示该转场效果不会使两个视频素材重叠，从而缩短视频时长，所以不会影响后面
视频素材的音乐踩点，如图4-41所示。

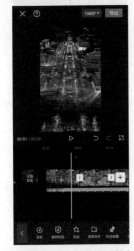
图4-36　点击"转场"按钮

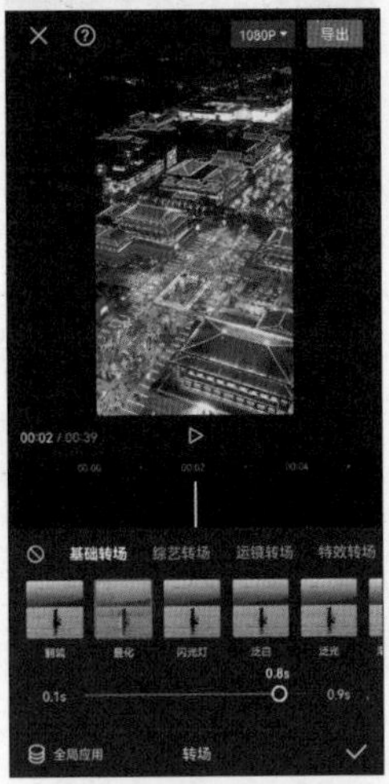

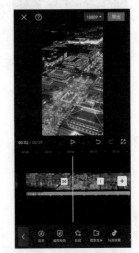
图4-37　选择"叠化"转场

图4-38　切换位置变为斜线

图4-39　对齐踩点

图4-40　选择"炫光Ⅱ"转场

图4-41　添加转场效果

步骤 07 选中倒数第二个视频素材，在工具栏中点击"动画"按钮，然后点击"出场
动画"按钮，如图4-42所示。

步骤 08 在弹出的界面中选择"向上转出"动画效果，拖动滑块调整动画时长为0.5秒，
点击按钮，如图4-43所示。

步骤 09 选中最后一个视频素材，点击"动画"按钮，然后点击"入场动画"按钮
，在弹出的界面中选择"向上转入"动画效果，拖动滑块调整动画时长为0.5秒，
如图4-44所示，点击按钮，这样就可以使两个视频素材在切换时形成流畅的转场
效果。

图4-42　点击"出场动画"按钮　图4-43　选择"向上转出"　图4-44　添加入场动画
动画

4.2.4　视频素材调色

下面使用"滤镜"和"调节"功能对视频素材进行调色，具体操作方法如下。

视频

视频素材调色

步骤 01 在时间轴中选中要调色的视频素材，点击"滤镜"按钮，如图4-45所示。

步骤 02 在弹出的界面中选择所需的滤镜，即可对视频进行一键调色，此处选择"基础"分类下的"中性"滤镜，拖动滑块调整滤镜强度，然后点击✓按钮，如图4-46所示。

步骤 03 向左拖动时间指针，继续选择要添加滤镜的视频素材，然后选择"净白"滤镜，拖动滑块调整滤镜强度，如图4-47所示。要使所有视频素材都应用相同的滤镜，可以在"滤镜"界面左下方点击"全局应用"按钮。

图4-45　点击"滤镜"按钮　图4-46　选择"中性"滤镜　图4-47　选择"净白"滤镜

步骤 04 点击"滤镜"标签右侧的"调节"标签，然后点击"亮度"按钮🔆，向右拖动滑块，调整亮度为15，效果如图4-48所示。

步骤 05 点击"光感"按钮🔆，向右拖动滑块，调整光感为10，效果如图4-49所示。

步骤 06 点击"阴影"按钮🔆，向右拖动滑块调整阴影为20，效果如图4-50所示。调色完成后，点击✓按钮。

图4-48 调整亮度　　　图4-49 调整光感　　　图4-50 调整阴影

↘ 4.2.5 添加字幕

下面在短视频中添加字幕，用作标题、水印及结束语，具体操作方法如下。

步骤 01 将时间指针定位到时间线最左侧，在工具栏中点击"文字"按钮Ｔ，然后点击"文字模板"按钮🅰，如图4-51所示。

步骤 02 在弹出的界面中点击"片头标题"分类，选择所需的文字样式，然后点击✓按钮，如图4-52所示。

视频

添加字幕

图4-51 点击"文字模板"按钮　　图4-52 选择文字样式

步骤 **03** 在文字轨道上调整文字的长度，使其结尾与第二个视频素材的结尾对齐，如图4-53所示。

步骤 **04** 在预览区域点击第一行文字，在弹出的界面中修改文字，点击✓按钮，如图4-54所示。

图4-53　调整文字长度　　　图4-54　修改第一行文字

步骤 **05** 在预览区域点击第二行文字，修改文字，然后点击✓按钮，如图4-55所示。

步骤 **06** 采用同样的方法，在视频素材的结束位置添加"下期再见"文字，如图4-56所示。

图4-55　修改第二行文字　　　图4-56　添加文字

步骤 **07** 将时间指针定位到时间线最左侧，在文字工具栏中点击"新建文本"按钮A+，在弹出的界面中输入水印文字，点击"字体"标签，选择所需的字体格式，如图4-57所示。

步骤 **08** 点击"样式"标签，拖动"透明度"滑块到40%，调整文字的透明度，然后点击✓按钮，如图4-58所示。

步骤 **09** 在预览区域拖动文字右下方的控制柄▣，调整文字的大小，然后将文字拖至画面右下方。在文字轨道上调整文字长度，使其覆盖整个时间线，如图4-59所示。

图4-57　设置字体格式

图4-58　调整透明度

图4-59　调整文字长度

↘ 4.2.6　添加画面特效

　　下面在视频中添加画面特效，使画面更具视觉冲击力。在剪映中可以一键为画面添加各种特效，具体操作方法如下。

视频

添加画面特效

步骤 01 将时间指针定位到时间线最左侧，点击"特效"按钮，然后点击"画面特效"按钮，如图4-60所示。

步骤 02 在弹出的界面中选择合适的特效，此处选择"氛围"分类下的"星河"特效，然后点击按钮，如图4-61所示。

步骤 03 修剪"星河"特效的长度，使其覆盖前两个视频素材，如图4-62所示。

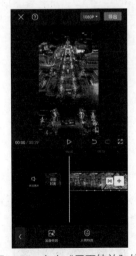
图4-60　点击"画面特效"按钮

图4-61　选择特效

图4-62　修剪特效长度

步骤 04 将时间指针定位到"将士练兵表演"视频素材位置，添加"动感"分类下的"灵魂出窍"特效，并调整特效的位置和长度，如图4-63所示。

83

步骤 05 采用同样的方法添加"动感"分类下的"心跳"特效，并调整特效的长度，然后将其移至"贞观之治"和"霓裳羽衣"视频素材的转场位置，如图4-64所示。

步骤 06 在视频素材的结束位置添加"氛围"分类下的"梦蝶"特效和"基础"分类下的"渐隐闭幕"特效，如图4-65所示。

图4-63 添加"灵魂出窍"特效　　图4-64 添加"心跳"特效　　图4-65 在结束位置添加特效

步骤 07 将时间指针定位到视频素材尾部"梦蝶"特效开始出现的位置，在工具栏中点击"音频"按钮♪，然后点击"音效"按钮，如图4-66所示。

步骤 08 在弹出的界面中搜索"特效"音效，然后点击"特殊效果（63）"音效右侧的"使用"按钮，如图4-67所示。

步骤 09 此时，画面特效即可伴随着音效出现。选中音效，在工具栏中点击"音量"按钮，在弹出的界面中调小音量，然后点击✓按钮，如图4-68所示。采用同样的方法，在视频素材加速位置添加过渡音效。

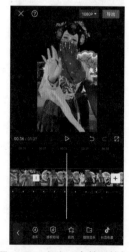

图4-66 点击"音效"按钮　　图4-67 选择音效　　图4-68 调小音量

↘ 4.2.7 制作封面并导出

在短视频平台上浏览短视频时,第一个映入眼帘的就是短视频封面,好的短视频封面可以吸引用户进行点击。剪映内置了封面编辑功能,下面为剪辑好的短视频制作封面并将其导出,具体操作方法如下。

步骤 01 点击主轨道左侧的"设置封面"按钮,如图4-69所示。

步骤 02 在弹出的界面中向左或向右拖动时间指针选择要设置为封面的视频画面,然后点击"添加文字"按钮 T,如图4-70所示。

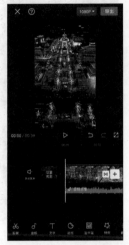 

图4-69 点击"设置封面"按钮　图4-70 点击"添加文字"按钮

步骤 03 在弹出的界面中输入文字并设置字体格式,然后点击"花字"标签,选择所需的花字样式,如图4-71所示。

步骤 04 点击"样式"标签,然后点击"背景"标签,设置颜色、透明度、圆角程度、高度、宽度、上下偏移等参数,设置完成后点击右上方的"保存"按钮,即可完成封面设置,如图4-72所示。

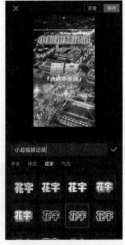 

图4-71 选择花字样式　图4-72 设置文字背景

步骤 **05** 点击界面右上方的 1080P▾ 按钮，在弹出的界面中保持分辨率为1080p，调整帧率为30fps，如图4-73所示。

步骤 **06** 点击界面右上方的"导出"按钮，开始将视频导出到手机相册。导出完成后，可以根据需要将视频分享到抖音或西瓜视频，最后点击"完成"按钮，如图4-74所示。

图4-73　调整分辨率和帧率

图4-74　分享视频

4.3　短视频的快剪

剪映的快剪功能主要包括"一键成片""剪同款"和"图文成片"。使用这些功能可以节省大量的剪辑时间，只需两三分钟即可快速出片。

4.3.1　使用"一键成片"功能

使用剪映的"一键成片"功能，用户只需将拍摄的视频或图片素材导入剪映中，程序会自动识别素材内容，并智能地生成视频，具体操作方法如下。

步骤 **01** 在"剪辑"功能界面中点击"一键成片"按钮▣，如图4-75所示。

步骤 **02** 在弹出的界面中依次选择要剪辑的视频素材，点击"下一步"按钮，如图4-76所示。

视频

使用"一键
成片"功能

步骤 **03** 此时，剪映开始智能识别并合成视频。视频合成后进入"选择模板"界面，用户可以从中预览视频效果。在该界面下方，剪映为用户提供了10套推荐模板，用户选择模板即可重新合成视频。选择合适的合成效果后，点击模板缩览图上的"点击编辑"按钮✐，如图4-77所示。

图4-75　点击"一键成片"按钮　　图4-76　选择视频素材　　图4-77　点击"点击编辑"按钮

步骤 **04** 进入"模板编辑"界面，在下方选择要编辑的视频素材，然后点击"点击编辑"按钮 ⟋，在弹出的界面中可以进行拍摄、替换、裁剪、调整视频原声音量等操作。此处点击"裁剪"按钮 ▥，如图4-78所示。

步骤 **05** 在弹出的界面下方拖动时间指针选择视频片段，然后在上方拖动视频选择要显示的区域，点击"确认"按钮，如图4-79所示。

步骤 **06** 返回"模板编辑"界面，在下方点击"文本编辑"按钮 **T**，然后点击下方的文本素材，即可修改模板中的文本，如图4-80所示。

图4-78　点击"裁剪"按钮　　图4-79　选择视频片段　　图4-80　修改文本

步骤 **07** 模板编辑完成后，点击界面右上方的"导出"按钮，在弹出的界面中点击"保存并分享"按钮，即可导出视频，如图4-81所示。

步骤 **08** 在"本地草稿"区域点击"模板"标签，可以查看使用模板编辑过的草稿，如图4-82所示。点击草稿缩览图，即可重新进入模板编辑界面。

图4-81　点击"保存并分享"按钮　　图4-82　查看模板草稿

↘ 4.3.2　使用"剪同款"功能

视频

使用"剪同款"
功能

"剪同款"和"一键成片"都是使用剪映提供的视频模板快速进行视频创作的功能，不同的是"剪同款"功能不是靠程序自动识别素材并推荐模板，而是需要用户选择合适的模板和素材，具体操作方法如下。

步骤 01 在剪映主界面下方点击"剪同款"按钮，进入"剪同款"功能界面，从中可以看到不同分类的剪映模板，如图4-83所示。

步骤 02 同样也可以根据要剪辑的视频内容搜索视频模板，例如本案例要剪辑8段视频，在上方搜索框中搜索"8段"，然后选择要使用的视频模板，如图4-84所示。

步骤 03 在打开的界面中预览视频效果，点击下方的"剪同款"按钮，如图4-85所示。

图4-83　进入"剪同款"界面　　图4-84　选择视频模板　　图4-85　点击"剪同款"按钮

步骤 04 在弹出的界面中依次点击视频素材,添加8个视频素材,然后点击"下一步"按钮 ⊙,如图4-86所示。添加视频素材时,在界面下方先点击序号上方白色的方框,然后点击视频素材,即可在该位置添加视频素材,不同的序号位置可以根据需要添加同一个视频素材。

步骤 05 进入"模板编辑"界面,选择要编辑的视频素材,然后点击"点击编辑"按钮 ✐,如图4-87所示。

步骤 06 在弹出的界面下方拖动时间指针选择视频片段,然后在上方拖动视频画面选择视频显示区域,点击"确认"按钮,如图4-88所示。模板编辑完成后,点击"导出"按钮导出视频即可。

图4-86 添加视频素材

图4-87 点击"点击编辑"按钮

图4-88 选择视频显示区域

↘ 4.3.3 使用"图文成片"功能

使用"图文成片"功能可以制作以文本为主的视频,可以一键将文案内容转换为视频,具体操作方法如下。

视频

使用"图文成片"功能

步骤 01 在"剪辑"功能界面中点击"图文成片"按钮 ▣,如图4-89所示。

步骤 02 进入"图文成片"界面,点击"自定义输入"按钮,如图4-90所示。

步骤 03 进入"编辑内容"界面,输入标题和内容,然后点击"生成视频"按钮,如图4-91所示。输入内容时,可以从其他App中复制。

步骤 04 等待片刻,即可根据输入的文本自动生成图文视频,可以看到剪映为每句话都自动匹配了相应的图片。用户可以根据需要对图文视频进行进一步处理,如替换图片、设置字体样式、更换朗读音色、添加背景音乐等。若要更换图片,可以点击图片后在工具栏中点击"替换"按钮 ▦,如图4-92所示。

步骤 05 在弹出的界面中可以将图片替换为手机相册中的素材,也可以搜索使用网络素材。此处点击"视频素材"标签，然后搜索"跑步"视频素材，选择搜索到的视频素材，即可替换原图片，如图4-93所示。采用同样的方法，替换其他图片。

步骤 06 除了替换图片外，还可以为文本内容添加视频素材。点击"添加素材"按钮■，再为第二句话添加一个视频素材，如图4-94所示。

图4-89　点击"图文成片"　　　图4-90　点击"自定义输入"　　　图4-91　编辑内容
　　　　　按钮　　　　　　　　　　　　按钮

图4-92　点击"替换"按钮　　　图4-93　选择视频素材　　　图4-94　添加视频素材

步骤 07 在文字轨道上选中文字，点击"编辑"按钮✎，如图4-95所示。

步骤 08 在弹出的界面中设置字体格式，然后点击"样式"标签，调整字号和透明度，点击✓按钮，如图4-96所示。

步骤 09 编辑完成后，点击右上方的"导出"按钮，即可导出视频。若要对视频进行精细化调整，可以点击"导入剪辑"按钮，进入视频剪辑界面，继续对视频进行编辑，如图4-97所示。

图4-95 点击"编辑"按钮　　图4-96 设置字体样式　　图4-97 进入视频剪辑界面

课后练习

　　1. 打开"素材文件\第4章\课后练习\旅拍"文件，使用其中的视频素材剪辑一条旅拍短视频。

　　关键操作：对视频素材进行粗剪，对视频画面进行二次构图，添加背景音乐并设置音乐踩点，根据节拍点精简视频素材，为视频素材添加滤镜并进行简单调色，添加画面特效。

　　2. 打开"素材文件\第4章\课后练习\快剪"文件，使用剪映的"一键成片"功能快速制作短视频。

第 5 章
添加转场效果与特效

【学习目标】

➤ 掌握为短视频添加转场效果的方法。
➤ 掌握为短视频添加特效的方法。

【技能目标】

➤ 能够根据需要为短视频添加合适的转场效果。
➤ 能够根据需要为短视频添加不同的特效。

【素养目标】

➤ 用短视频助力国家乡村振兴战略，服务美丽乡村建设。
➤ 绿色发展，生态优先，用短视频传达生态环保科学理念。

　　转场就是视频镜头之间的过渡或转换，添加转场效果可以使镜头转换更加流畅、自然，更具艺术性。特效则用来实现不同的画面效果，以增强视频画面的表现力。本章将介绍如何在短视频中添加转场效果与特效来丰富画面，提升短视频的观赏性。

5.1 添加转场效果

剪映为用户提供了各种各样的转场效果，用户除了使用剪映自带的转场效果外，也可以利用剪映制作自己所需的转场效果。

↘ 5.1.1 使用自带转场效果

下面将介绍如何为视频添加剪映自带的转场效果，使视频转场更具艺术性，具体操作方法如下。

视频

使用自带转场效果

步骤 **01** 打开剪映App，导入6个视频素材（视频为江南烟雨的景象）。将时间指针定位到最左侧，然后点击"音频"按钮�♪，如图5-1所示。

步骤 **02** 点击"音乐"按钮♪，在打开的音乐库中点击"舒缓"音乐分类，找到"Lasymorning"音乐，点击其右侧的"使用"按钮，如图5-2所示。

步骤 **03** 选中音乐素材，点击"踩点"按钮▣，如图5-3所示。

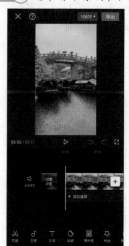

图5-1 点击"音频"按钮　　图5-2 添加背景音乐　　图5-3 点击"踩点"按钮

步骤 **04** 在弹出的界面中打开"自动踩点"开关按钮━○，然后点击"踩节拍"按钮，在音乐上自动添加节拍点，点击✓按钮，如图5-4所示。

步骤 **05** 根据节拍点修剪各个视频素材的长度，使音乐的结束位置与视频素材的结尾对齐，如图5-5所示。

步骤 **06** 点击第一个视频素材和第二个视频素材之间的"转场"按钮▯，在弹出的界面中点击"基础转场"分类，选择"叠化"转场，拖动滑块调整转场时长为0.5秒，然后点击✓按钮，如图5-6所示。

步骤 **07** 查看"叠化"转场效果，上一镜头的画面与下一镜头的画面相叠加，且上一镜头逐渐隐去，下一镜头逐渐清晰。转场位置出现一条斜线，表示两个画面之间有重叠，这会导致视频时长变短，如图5-7所示。

图5-4　添加节拍点　　　图5-5　修剪视频素材　　　图5-6　点击"叠化"转场

步骤08 选中第一个视频素材，在转场位置可以看到一个三角形图标。向右拖动结束滑块，使三角形左侧的点对齐节拍点位置，完成后的效果如图5-8所示。这样即可使视频时长保持原样。

步骤09 采用同样的方法，在第二个和第三个视频素材之间添加"渐变擦除"转场，在第三个和第四个视频素材之间添加"云朵II"转场，效果如图5-9所示。转场效果添加完成后，同样需要调整上一镜头视频素材的时长，然后继续为后面的视频素材添加"回忆II"和"闪光灯"转场效果。

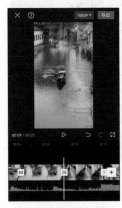

图5-7　查看"叠化"转场效果　图5-8　修剪视频素材时长　图5-9　添加转场效果

步骤10 要使第一个视频素材开始时出现转场效果，可以通过为其添加入场动画来实现。点击"动画"按钮▶，然后点击"入场动画"按钮➡，如图5-10所示。

步骤11 在弹出的界面中选择"缩小"动画，拖动滑块将动画时长调至最大限度，然后点击✓按钮，如图5-11所示。

步骤12 返回一级工具栏，点击"背景"按钮▨，然后点击"画布模糊"按钮◐，在弹出的界面中选择所需的模糊程度，使画面在开始时呈现模糊效果，然后点击✓按钮，如图5-12所示。

图5-10　点击"入场动画"按钮　图5-11　选择"缩小"动画　图5-12　设置画布模糊效果

↘ 5.1.2　制作卡点动画转场效果

下面将介绍如何在剪映中制作卡点动画转场效果。为视频素材添加合适的入场和出场动画，可以使画面切换变得流畅且富有动感，具体操作方法如下。

视频

制作卡点动画
转场效果

步骤 01 导入"水墨宏村"视频素材，并添加背景音乐［音乐库中的"心跳（念白版）"］，如图5-13所示。

步骤 02 在轨道右侧点击"添加素材"按钮 ＋，添加14张图片素材，如图5-14所示。

步骤 03 对背景音乐设置自动踩点，然后点击 ✓ 按钮，如图5-15所示。

图5-13　添加视频素材　　　图5-14　添加图片素材　　　图5-15　设置音乐踩点

步骤 04 选中第一个视频素材，点击"变速"按钮 ⊘，然后点击"常规变速"按钮 ◢，在弹出的界面中拖动滑块，调整速度为1.4x，点击 ✓ 按钮，如图5-16所示。

95

步骤 05 根据音乐节奏和节拍点修剪视频素材和图片素材的长度，其中每张图片的时长占两个节拍，如图5-17所示。

步骤 06 选中第一张图片，点击"动画"按钮 ，然后点击"组合动画"按钮 ，在弹出的界面中选择"荡秋千"动画，拖动滑块将时长调至最大限度，如图5-18所示。

图5-16　调整速度　　　　图5-17　修剪素材　　　图5-18　选择"荡秋千"动画

步骤 07 选中第二张图片，选择"荡秋千Ⅱ"动画，如图5-19所示。后续的图片依次添加"荡秋千""荡秋千Ⅱ""缩放""弹入旋转""旋转缩小""小陀螺""小陀螺Ⅱ""缩放""晃动旋出""缩放Ⅱ""旋转缩小""缩放Ⅱ"等动画，全部添加完成后点击 按钮。

步骤 08 返回一级工具栏，点击"滤镜"按钮 ，在弹出的界面中点击"风景"分类下的"古都"滤镜，拖动滑块调整滤镜强度，如图5-20所示。

步骤 09 调整滤镜长度，使其覆盖整个视频，使各素材画面色调统一，如图5-21所示。

 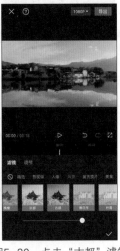 

图5-19　选择"荡秋千Ⅱ"动画　图5-20　点击"古都"滤镜　图5-21　调整滤镜长度
并调整滤镜强度

↘ 5.1.3 制作水墨转场效果

利用一些转场特效素材结合剪映的"混合模式"功能可以制作出特殊的转场效果。下面制作水墨转场效果，具体操作方法如下。

步骤 01 导入"汉服舞蹈"视频素材（视频包括5个舞蹈片段），将时间指针定位到最左侧，插入"水墨"转场素材（包括背景音乐和4种水墨转场效果），如图5-22所示。

步骤 02 将"水墨"转场素材放大至全屏，将时间指针定位到第一个水墨转场结束的位置（即画面全白位置），然后选中主轨道上的视频素材，点击"分割"按钮分割视频素材，如图5-23所示。

步骤 03 采用同样的方法，在其他转场结束位置分割主轨道上的视频素材，将视频素材分割为4个。选中画中画中的"水墨"转场素材，点击"混合模式"按钮，如图5-24所示。

图5-22 导入素材

步骤 04 在弹出的界面中点击"滤色"混合模式，可以看到"水墨"转场素材中的黑色被过滤，透出主轨道上的视频画面，点击✓按钮，如图5-25所示。

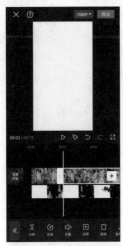

图5-23 点击"分割"
按钮

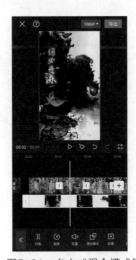

图5-24 点击"混合模式"
按钮

图5-25 点击"滤色"
混合模式

步骤 05 在主轨道上选中第一个视频素材，点击"替换"按钮，然后再次选择"汉服舞蹈"视频素材，在弹出的界面中拖动时间线选择要使用的片段，然后点击"确认"按钮，如图5-26所示。

步骤 06 此时，即可完成视频素材的替换，如图5-27所示。采用同样的方法，替换其他3个视频素材。

图5-26　选择视频片段　　　图5-27　替换视频素材

↘ 5.1.4　制作擦除转场效果

下面利用剪映的"蒙版"和"关键帧"功能在视频素材之间制作斜方向的擦除转场效果，具体操作方法如下。

视频

制作擦除转场
效果

步骤01 导入两个视频素材，第一个为"稻子"，第二个为"校园的路"，然后添加背景音乐（音乐库中的"春日漫游"），如图5-28所示。

步骤02 对第二个视频素材的开始部分进行分割，选中分割后左侧的视频素材，向右拖动起始滑块修剪视频素材的时长为2秒，如图5-29所示。

步骤03 点击"切画中画"按钮，将视频素材切换到画中画轨道，调整视频素材的位置，使其结束位置与主轨道上第二个视频素材的起始位置对齐。将时间指针定位到画中画视频素材的最左侧，然后添加关键帧，如图5-30所示。

图5-28　导入素材　　　图5-29　分割并修剪视频素材　　　图5-30　添加关键帧

步骤 ④ 点击"蒙版"按钮 ◉，在弹出的界面中点击"线性"蒙版，旋转蒙版并调整羽化，如图5-31所示。

步骤 ⑤ 将蒙版拖至画面最左侧，然后点击 ☑ 按钮，如图5-32所示。

步骤 ⑥ 将时间指针定位到画中画视频素材的最右侧，点击"蒙版"按钮 ◉，在弹出的界面中将蒙版拖至画面最右侧，然后点击 ☑ 按钮，如图5-33所示。此时即可形成蒙版移动动画，第二个视频素材从左到右逐渐显示出来。

图5-31 旋转蒙版并调整羽化

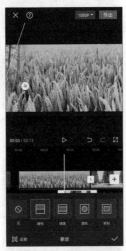

图5-32 移动蒙版到
最左侧

图5-33 将蒙版拖至画面
最右侧

↘ 5.1.5 制作线条分割转场效果

下面利用剪映的"蒙版"和"动画"功能制作线条分割转场效果，具体操作方法如下。

视频

制作线条分割
转场效果

步骤 ① 导入视频素材，将时间指针定位到线条分割转场位置，插入画中画白色图片素材，并调整其大小，如图5-34所示。

步骤 ② 点击"蒙版"按钮 ◉，在弹出的界面中点击"镜面"蒙版，调整蒙版大小，形成白色分割线，将蒙版顺时针旋转24°，然后点击 ☑ 按钮，如图5-35所示。

步骤 ③ 在白色图片素材的起始位置和右侧0.5秒位置分别添加关键帧，然后将时间指针定位到第一个关键帧位置，如图5-36所示。

步骤 ④ 将蒙版沿着24°方向向左上方拖动直至移出画布，如图5-37所示。

步骤 ⑤ 此时即可形成白色分割线从左上方进入画面的动画，如图5-38所示。

步骤 ⑥ 点击"导出"按钮将视频导出，然后返回剪辑界面，删除画中画素材。选中主轨道上的视频素材，点击"替换"按钮，然后选择导出的视频，点击"确认"按钮进行视频素材替换，如图5-39所示。

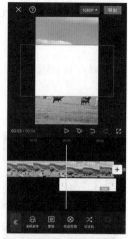

图5-34　添加画中画素材

图5-35　调整镜面蒙版

图5-36　添加关键帧

图5-37　调整白色分割线位置

图5-38　预览动画

图5-39　替换视频素材

步骤 **07** 在主轨道上添加第二个视频素材，然后在第一个视频素材中白色分割线完全进入画面的位置分割视频素材，如图5-40所示。

步骤 **08** 点击"切画中画"按钮，将分割后的视频素材切换到画中画轨道，点击"蒙版"按钮，如图5-41所示。

步骤 **09** 点击"线性"蒙版，将蒙版顺时针旋转24°，然后将蒙版的边界线移至白色分割线中间位置，如图5-42所示。

步骤 **10** 复制画中画视频素材，并将其拖至下方轨道，然后点击"蒙版"按钮，如图5-43所示。

步骤 **11** 在弹出的界面中点击"线性"按钮，然后点击 按钮，如图5-44所示。

步骤⑫ 修剪两个画中画视频素材的长度为2秒，然后选择上方轨道上的画中画视频素材，点击"出场动画"按钮，如图5-45所示。

图5-40　分割视频素材　　图5-41　点击"蒙版"按钮　　图5-42　设置线性蒙版

图5-43　点击"蒙版"按钮　　图5-44　点击"线性"按钮　图5-45　点击"出场动画"按钮

步骤⑬ 在弹出的界面中选择"向上滑动"动画，拖动滑块调整时长为2秒，然后点击✓按钮，如图5-46所示。

步骤⑭ 选中下方轨道上的画中画视频素材，采用同样的方法添加"向下滑动"动画，然后点击✓按钮，如图5-47所示。此时，即可预览线条分割转场效果。

步骤⑮ 为视频素材添加音乐库中的"自然风光自然风景"音乐，并在转场位置添加"天鹅的声音"音效，如图5-48所示。

图5-46　选择"向上滑动"动画

图5-47　选择"向下滑动"动画

图5-48　添加背景音乐和音效

↘ 5.1.6　制作抠像转场效果

抠像转场效果即在切换镜头时，下一镜头中的主体对象先以抠像方式出现在上一镜头中，然后迅速转入下一镜头。下面在视频中制作抠像转场效果，具体操作方法如下。

视频

制作抠像转场效果

步骤 01 导入两个人物走路的视频素材，然后添加背景音乐（音乐库中的"BLIP BLOP"）。将时间指针定位到第二个视频素材的起始位置，点击"定格"按钮▣，如图5-49所示。

步骤 02 此时即可生成3秒的定格画面，点击"切画中画"按钮▨，如图5-50所示。

步骤 03 将画中画视频素材修剪为0.3秒，并将其移至转场位置的左侧，如图5-51所示。

图5-49　点击"定格"按钮

图5-50　点击"切画中画"按钮

图5-51　修剪并移动画中画素材

步骤 **04** 点击"智能抠像"按钮🔳，将画中画中的人物抠出，如图5-52所示。

步骤 **05** 点击"动画"按钮🔲，然后点击"入场动画"按钮🔁，如图5-53所示。

步骤 **06** 在弹出的界面中选择"向左滑动"动画，点击✅按钮，如图5-54所示。在预览区域预览抠像转场效果，然后导出视频。

图5-52 点击"智能抠像" 图5-53 点击"入场动画" 图5-54 选择"向左滑动"动画
　　　按钮 　　　　　　　　　按钮

5.2 添加特效

剪映提供了非常丰富的特效，利用这些特效可以实现不同的画面效果，比如让视频画面瞬间变得炫酷、动感或梦幻。

5.2.1 使用特效营造画面氛围

下面为一段"茶卡盐湖"风景视频添加"金粉闪闪"和"流星雨"特效，以营造梦幻般的场景，具体操作方法如下。

视频

使用特效营造
画面氛围

步骤 **01** 导入视频素材，点击"复制"按钮🔳进行复制，选中左侧的视频素材，点击"切画中画"按钮✂，如图5-55所示。

步骤 **02** 将时间指针定位到最左侧，返回一级工具栏，点击"特效"按钮🔳，然后点击"画面特效"按钮🔳，如图5-56所示。

步骤 **03** 在弹出的界面中选择"金粉"分类下的"金粉闪闪"特效，如图5-57所示。由于特效默认应用在主轨道视频素材中，而主轨道视频素材画面被画中画视频素材画面所遮盖，所以在此看不到效果。

步骤 **04** 调整"金粉闪闪"特效的长度，使其覆盖整个视频素材，如图5-58所示，然后点击"作用对象"按钮🔳。

步骤 **05** 在弹出的界面中点击"全局"按钮🔳，然后点击✅按钮，如图5-59所示。

103

步骤 06 选中特效，点击"调整参数"按钮 ，在弹出的界面中调整"速度""滤镜""不透明度"等参数，如图5-60所示。

图5-55 点击"切画中画"
按钮

图5-56 点击"画面特效"
按钮

图5-57 选择"金粉闪闪"
特效

图5-58 调整特效长度

图5-59 点击"全局"按钮

图5-60 调整特效参数

步骤 07 返回一级工具栏，采用同样的方法选择"氛围"分类下的"流星雨"特效，点击 按钮，如图5-61所示。

步骤 08 点击"作用对象"按钮 ，在弹出的界面中点击"画中画"按钮，然后点击 按钮，如图5-62所示。

步骤 09 返回一级工具栏，进入画中画轨道，选中画中画视频素材，点击"蒙版"按钮 ，在弹出的界面中点击"线性"蒙版，将蒙版逆时针旋转5°并调整羽化，使"流星雨"特效只出现在画面的天空部分，如图5-63所示。

图5-61　选择"流星雨"特效　图5-62　点击"画中画"按钮　图5-63　调整线性蒙版

↘ 5.2.2　使用特效增强画面节奏

下面为一段"舞蹈"视频添加特效，以丰富画面效果，增强画面的节奏感和冲击力，具体操作方法如下。

步骤 01　导入视频素材，然后添加背景音乐（音乐库中的"蹦沙卡拉卡！"），并对音乐设置自动踩点，如图5-64所示。

步骤 02　将时间指针定位到最左侧，点击"特效"按钮，然后点击"画面特效"按钮，在弹出的界面中选择"分屏"分类下的"四屏"特效，在预览区域查看分屏效果，如图5-65所示。

步骤 03　修剪"四屏"特效结束位置到节拍点位置，然后采用同样的方法添加"动感"分类下的"灵魂出窍"特效，如图5-66所示。

视频

使用特效增强
画面节奏

图5-64　设置音乐自动踩点　图5-65　选择"四屏"特效　图5-66　添加"灵魂出窍"特效
并查看分屏效果

105

步骤 04 采用同样的方法添加"复古"分类下的"胶片滚动"特效，并修剪特效长度，使其与节拍点对齐，如图5-67所示。

步骤 05 添加"动感"分类下的"闪屏"特效、"闪白"特效和"抖动"特效，然后选中"闪屏"特效，点击"复制"按钮□进行复制，如图5-68所示。

步骤 06 将复制的特效移至"闪屏"特效下方，然后点击"替换特效"按钮图，如图5-69所示。

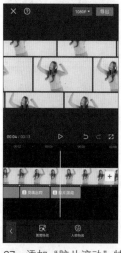

图5-67　添加"胶片滚动"特效　　图5-68　点击"复制"按钮　　图5-69　点击"替换特效"按钮

步骤 07 在弹出的界面中选择"爱心"分类下的"像素爱心"特效，如图5-70所示。

步骤 08 复制"像素爱心"特效，将其移至最右侧，并修剪特效的长度，如图5-71所示。

步骤 09 预览视频整体效果，根据音乐节奏重新调整特效的长度，使特效匹配音乐节奏。此处分别对"灵魂出窍"和"胶片滚动"特效的长度进行调整，如图5-72所示。

图5-70　选择"像素爱心"　　图5-71　复制"像素爱心"特效　　图5-72　调整特效长度
　　　　特效

↘ 5.2.3 使用特效突出画面重点

视频

使用特效突出
画面重点

下面为一段"街舞"视频添加特效,以突出人物做出的两个街舞动作,与视频中的其他片段产生强烈对比,具体操作方法如下。

步骤01 导入视频素材,在侧空翻动作的开始位置和结束位置分割视频,选中分割出的视频素材,点击"复制"按钮■进行复制,如图5-73所示。

步骤02 选中复制后的左侧视频素材,点击"切画中画"按钮▨,如图5-74所示。

步骤03 选中画中画视频素材,点击"智能抠像"按钮▧将人物抠出,如图5-75所示。

图5-73 点击"复制"按钮　　图5-74 点击"切画中画"　　图5-75 点击"智能抠像"按钮
按钮

步骤04 返回一级工具栏,点击"特效"按钮▧,然后点击"画面特效"按钮▧,在弹出的界面中选择"动感"分类下的"RGB描边"特效,然后点击✔按钮,如图5-76所示。

步骤05 修剪特效的长度,然后点击"作用对象"按钮▧,如图5-77所示。

步骤06 在弹出的界面中点击"画中画"按钮,可以看到特效只作用到画中画的人物身上,点击✔按钮,如图5-78所示。

步骤07 返回一级工具栏,将时间指针定位到单手倒立动作的开始位置,点击"特效"按钮▧,然后点击"人物特效"按钮▣,如图5-79所示。

步骤08 在弹出的界面中选择"身体"分类下的"沉沦"特效,如图5-80所示,然后点击特效图标上的"调整参数"按钮▤。

步骤09 在弹出的界面中调整"范围""颜色""速度"等参数,查看视频效果,如图5-81所示。

图5-76　选择"RGB描边"
特效

图5-77　点击"作用对象"
按钮

图5-78　点击"画中画"按钮

图5-79　点击"人物特效"按钮

图5-80　选择"沉沦"特效

图5-81　调整特效参数

↘ 5.2.4　使用特效制作特殊画面效果

使用特效可以生成特殊的画面效果，如失真效果、老电影效果、漫画效果等。下面使用特效制作黑白线稿画面逐渐变成彩色画面的效果，具体操作方法如下。

视频

使用特效制作
特殊画面效果

步骤 **01** 导入视频素材，点击"复制"按钮□进行复制，选中左侧的视频素材，点击"切画中画"按钮，如图5-82所示。

步骤 **02** 返回一级工具栏，将时间指针定位到最左侧，点击"特效"按钮，然后点击"画面特效"按钮，在弹出的界面中选择"漫画"分类下的"黑白线稿"特效，然后点击"调整参数"按钮，拖动滑块调整"描边滤镜"强度为50，点击按钮，如图5-83所示。

步骤 **03** 调整特效长度，使其覆盖整个视频素材，然后点击"作用对象"按钮，如图5-84所示。

108

图5-82 点击"切画中画"按钮 　图5-83 设置"黑白线稿"特效 　图5-84 调整特效长度

步骤 **04** 在弹出的界面中点击"画中画"按钮，然后点击✓按钮，如图5-85所示。

步骤 **05** 返回一级工具栏，进入画中画轨道，选中画中画视频素材，在该视频素材上添加4个关键帧，将时间指针定位到第二个关键帧位置，点击"不透明度"按钮⬛，如图5-86所示。

步骤 **06** 在弹出的界面中拖动滑块，调整不透明度为50，如图5-87所示。采用同样的方法，调整第一个关键帧的不透明度为50，调整第四个关键帧的不透明度为0，即可得到黑白线稿画面逐渐变成彩色画面的效果。

图5-85 点击"画中画"按钮 　图5-86 点击"不透明度"按钮 　图5-87 调整不透明度

↘ 5.2.5 使用抖音玩法特效

　　抖音玩法特效主要针对图片素材，可以一键生成特殊的画面效果，如立体相册、3D运镜等。下面为一张图片应用抖音玩法特效，具体操作方法如下。

步骤 **01** 导入一张图片素材，点击"音频"按钮♫，然后点击"提取

视频

使用抖音玩法特效

109

音乐"按钮█，如图5-88所示。

步骤 02 在弹出的界面中选择包含音乐的短视频，然后点击"仅导入视频的声音"按钮，如图5-89所示。

步骤 03 此时即可将短视频中的音乐导入音频轨道，对音乐进行自动踩点设置。修剪图片素材的长度，在第5秒节拍点位置分割图片。选中左侧的图片素材，点击"抖音玩法"按钮█，如图5-90所示。

图5-88 点击"提取音乐"
按钮

图5-89 点击"仅导入
视频的声音"按钮

图5-90 点击"抖音玩法"
按钮

步骤 04 在弹出的界面中向左滑动图标，然后选择"日漫"效果，查看画面效果，点击█按钮，如图5-91所示。

步骤 05 在轨道上选中右侧的图片素材，点击"抖音玩法"按钮█，在弹出的界面中选择"3D运镜"效果，即可为平面图片应用3D运镜动态效果，点击█按钮，如图5-92所示。添加"3D运镜"效果后，需要重新调整图片素材的长度。

步骤 06 返回一级工具栏，将时间指针置于最左侧，点击"特效"按钮█，然后点击"画面特效"按钮█，在弹出的界面中选择"动感"分类下的"抖动"特效，点击"调整参数"按钮█，根据音乐节奏调整抖动速度，在此拖动滑块调整"速度"为0，点击█按钮，如图5-93所示。

步骤 07 采用同样的方法，在前一段图片素材的转场位置添加"动感"分类下的"闪白"特效，如图5-94所示。

步骤 08 在音乐节拍点位置添加3个"灵魂出窍"特效并调整特效长度，然后添加"人鱼滤镜"特效，如图5-95所示。

步骤 09 采用同样的方法，为右侧的图片素材添加"幻术摇摆""几何图形""星火炸开""负片闪烁"画面特效及"妖气"人物特效，如图5-96所示。

图5-91 选择"日漫"效果

图5-92 选择"3D运镜"效果

图5-93 设置"抖动"特效

图5-94 添加"闪白"特效

图5-95 为左侧图片素材
添加特效

图5-96 为右侧图片素材
添加特效

课后练习

1. 打开"素材文件\第5章\课后练习\转场"文件，将提供的视频素材导入剪映，使用定格、画中画、关键帧和动画功能制作照片转场效果。

关键操作：在要转场的位置定格画面，将定格画面切换到画中画，使用关键帧功能制作照片缩小和旋转动画，添加出场动画，复制画中画并替换为白场素材制作照片边框，添加拍照声音效。

2. 打开"素材文件\第5章\课后练习\特效"文件，将提供的图片素材导入剪映，使用特效和抖音玩法为图片素材制作动感效果。

关键操作：对图片素材进行分割，为前段图片素材添加组合动画和油画玩法，为后段图片素材添加画面特效和3D运镜玩法，添加泛白转场效果。

第 6 章
短视频音频制作

【学习目标】

➢ 掌握为短视频添加背景音乐的方法。

➢ 掌握为短视频添加音效与配音的方法。

【技能目标】

➢ 能够为短视频选择并添加合适的背景音乐。

➢ 能够根据需要为短视频添加音效与配音。

【素养目标】

➢ 强化版权意识，合法使用音频作品，保护知识产权。

➢ 培养一丝不苟、精益求精、求真务实的职业素养。

音频是短视频的重要组成部分，它可以是视频原声，也可以是后期添加的背景音乐、音效或配音。合适的音频可以让原本普通的短视频画面变得具有感染力，让观众的情感与短视频所表达的情绪融合在一起。本章将详细介绍如何在短视频中添加各种音频。

6.1 选择背景音乐

在短视频中，背景音乐主要起着调节气氛、调动观众情绪的作用。观众在观看短视频时，有时注意力可能比较分散，这时短视频创作者就可以通过背景音乐来调动观众的情绪。只有合适的背景音乐才能提升短视频的情绪表达效果，所以短视频创作者在选择背景音乐时应遵循以下原则。

1. 根据短视频的情感基调选择背景音乐

短视频创作者在拍摄短视频时要清楚短视频所要表达的主题和想要传达的情感，确定短视频的情感基调，以此为依据来选择背景音乐。

例如，美食类短视频是为了让观众体会到一种轻松自在、心情舒畅的心理感受，所以短视频创作者可以选择欢快、愉悦风格的背景音乐，如爵士音乐和流行音乐等。时尚、美妆类短视频主要面向追求潮流、时尚的年轻人，所以短视频创作者可以选择节奏较快的背景音乐，如流行音乐、电子乐、摇滚音乐等。在制作旅行类短视频时，短视频创作者可以根据景色的特点来选择相应的背景音乐：如果景色气势磅礴，可以选择气势恢弘或节奏鲜明的音乐；如果景色古朴典雅、有文化底蕴，可以选择温暖、轻柔或古典的音乐来渲染气氛，增强代入感。

2. 背景音乐要配合短视频的整体节奏

很多短视频的节奏和情绪是由背景音乐来带动的，为了使背景音乐与短视频内容更加契合，短视频创作者在进行后期剪辑时最好按照拍摄的时间顺序先进行简单的粗剪，然后分析短视频的节奏，根据整体节奏来选择合适的背景音乐。从整体上讲，短视频画面的节奏和背景音乐的匹配度越高，短视频就越吸引人。

3. 背景音乐不能喧宾夺主

背景音乐在短视频中主要起的是衬托作用，最高境界是让观众感觉不到它的存在，所以背景音乐不能喧宾夺主。如果背景音乐过于嘈杂，或者背景音乐对观众的感染力已经超过短视频本身，就会分散观众对短视频内容的注意力。

4. 选择热门音乐

在遵循以上原则的基础上，要想让短视频获得更多的平台推荐，短视频创作者最好选择热门音乐作为背景音乐。例如，可以在"抖音"App中通过搜索"音乐榜"来查看"热歌榜""飙升榜""原创榜"等榜单，选择其中的音乐作品作为短视频背景音乐。

6.2 添加与编辑背景音乐

在剪映中为短视频添加背景音乐的方法主要有3种，分别是添加音乐库音乐、添加抖音音乐和添加本地音乐。添加背景音乐后，短视频创作者还可以对背景音乐进行个性化调整。

↘ 6.2.1 添加音乐库音乐

剪映的音乐库为用户提供了丰富的音乐素材，添加的方法非常简单，具体操作方法如下。

视频

添加音乐库音乐

步骤 **01** 导入视频素材，点击"音频"按钮，然后点击"音乐"按钮，如图6-1所示。

步骤 **02** 进入"添加音乐"界面，根据视频所要表达的情绪选择合适的音乐类型，此处选择"清新"类型，如图6-2所示。

步骤 **03** 在打开的音乐列表中点击音乐名称进行试听，找到要使用的音乐后点击音乐名称右侧的"使用"按钮，如图6-3所示。点击音乐名称右侧的"收藏"按钮，可以将喜欢的音乐添加到收藏列表中。

图6-1　点击"音乐"按钮　　图6-2　选择"清新"类型　　图6-3　点击"使用"按钮

步骤 **04** 若要添加指定的音乐，可以在"添加音乐"界面上方的搜索框中输入歌曲名或歌手名，找到需要的音乐后点击"使用"按钮即可，如图6-4所示。

步骤 **05** 在"添加音乐"界面中点击"收藏"标签，即可查看收藏的音乐，以便快速将其添加到视频中，如图6-5所示。

步骤 **06** 添加音乐后，在音频轨道头部会显示相应的音乐名称，根据需要对音乐进行修剪，方法与修剪视频相同，如图6-6所示。

图6-4　搜索音乐　　　　图6-5　查看收藏的音乐　　　　图6-6　修剪音乐

↘ 6.2.2　添加抖音音乐

剪映作为一款与抖音直接关联的短视频剪辑工具，支持用户在剪辑项目中添加抖音中的音乐作为背景音乐。添加抖音音乐主要通过"抖音收藏"和"链接下载"功能进行，具体操作方法如下。

步骤 01 打开抖音App，浏览抖音短视频，当听到喜欢的音乐时可以点击界面下方的音乐名称或者右下方的音乐碟片图标 ，如图6-7所示。

步骤 02 在打开的界面中可以查看音乐原声信息、原声中的歌曲及使用了该音乐的短视频等。点击"收藏"按钮，在抖音账号中收藏该音乐，如图6-8所示。

步骤 03 切换到剪映App，在"音频"工具栏中点击"抖音收藏"按钮 ，如图6-9所示。

图6-7　点击音乐碟片图标　　图6-8　点击"收藏"按钮　图6-9　点击"抖音收藏"按钮

步骤 04 在打开的界面中即可查看抖音账号中收藏的音乐，点击"使用"按钮，即可使用该音乐，如图6-10所示。

步骤 05 切换到抖音App，若要添加抖音中比较热门的音乐，可以在任一音乐原声界面右上方点击"抖音音乐榜"按钮，如图6-11所示。

步骤 06 进入"抖音音乐榜"界面，点击"热歌榜"标签，找到符合视频感情色彩的热门音乐，点击"收藏"按钮 ，即可收藏该音乐，如图6-12所示。

步骤 07 使用抖音音乐时也可以不收藏该音乐。在抖音视频浏览界面中点击右下方的"分享"按钮 ，在弹出的界面中点击"复制链接"按钮 ，如图6-13所示。

步骤 08 切换到剪映App，进入"添加音乐"界面，点击"导入音乐"标签，然后点击"链接下载"按钮 ，在输入框中长按，选择"粘贴"命令，将链接粘贴到输入框中，再点击"下载"按钮 ，如图6-14所示。

步骤 09 音乐下载完成后，点击"使用"按钮即可，如图6-15所示。

图6-10　查看抖音收藏音乐

图6-11　点击"抖音音乐榜"
按钮

图6-12　收藏抖音热门音乐

图6-13　点击"复制链接"
按钮

图6-14　点击"下载"按钮

图6-15　点击"使用"按钮

↘ 6.2.3　添加本地音乐

剪映的"提取音乐"功能支持将手机相册中视频的音乐提取出来，并单独应用到剪辑项目中，具体操作方法如下。

步骤 01 在"音频"工具栏中点击"提取音乐"按钮▣，如图6-16所示。

步骤 02 在弹出的界面中选择包含所需音乐的视频素材，在下方点击"仅导入视频中的声音"按钮，仅导入视频的声音，如图6-17所示。

步骤 03 此时即可将视频中的背景音乐导入音频轨道，点击"版权校验"按钮▣，如图6-18所示。

视频

添加本地音乐

图6-16 点击"提取音乐"按钮　图6-17 仅导入视频的声音　图6-18 点击"版权校验"按钮

步骤 04 弹出的界面提示"当前选用的音乐不可在抖音公开，建议替换"，并提供了相似的音乐，点击"使用"按钮添加该音乐，如图6-19所示。

步骤 05 若想再次使用该音乐，可以在"添加音乐"界面中点击"导入音乐"标签，然后点击"提取音乐"按钮，找到最近提取的音乐，点击"使用"按钮，如图6-20所示。

步骤 06 也可以在"添加音乐"界面中搜索相似音乐所对应的名称，在剪映音乐库中找到该音乐，点击"收藏"按钮，将该音乐添加到收藏列表中，如图6-21所示。

图6-19 使用相似音乐　　图6-20 查看提取的音乐　　图6-21 收藏相似音乐

6.2.4 编辑背景音乐

为短视频添加背景音乐后，短视频创作者可以对背景音乐进行调整音量、淡化、分

割、踩点、删除、变速、降噪、复制等操作。下面对短视频中添加的
背景音乐进行编辑，具体操作方法如下。

视频

编辑背景音乐

步骤 01 按照前面介绍的方法为短视频添加"空山新雨后"背景音
乐，在音频轨道上选中背景音乐，点击"音量"按钮 🔊，如图6-22
所示。

步骤 02 在弹出的界面中向右拖动滑块，调整音量为200（即2倍音
量），然后点击 ✓ 按钮，如图6-23所示。

步骤 03 选中背景音乐，在工具栏中点击"踩点"按钮 🏳，在弹出的界面中打开"自动
踩点"开关按钮 ━◯，然后根据需要点击"踩节拍I"或"踩节拍II"按钮（两种节拍点的
疏密程度不同），在背景音乐上自动添加节拍点，点击 ✓ 按钮，如图6-24所示。

图6-22 点击"音量"按钮　　　图6-23 调整音量　　　图6-24 添加节拍点

步骤 04 若自动添加的节拍点不是所需的，可以关闭"自动踩点"开关，然后播放视
频，在要添加节拍点的位置点击"添加点"按钮手动添加节拍点，例如，在每句歌词的
开始位置手动添加节拍点，如图6-25所示。

步骤 05 根据节拍点对视频素材进行修剪，然后选中背景音乐，点击"淡化"按钮 🏳，在
弹出的界面中拖动滑块，设置背景音乐的淡入时长和淡出时长，点击 ✓ 按钮，如图6-26
所示。

步骤 06 可以通过控制音量手动制作背景声音的淡入效果或淡出效果。例如，要从某句
歌词开始逐渐淡化背景音乐，可以将时间指针定位到该歌词的相应位置，选中背景音
乐，然后点击"添加关键帧"按钮 ◇ 添加关键帧，如图6-27所示。

步骤 07 将时间指针定位到背景音乐淡化结束的位置，点击"音量"按钮 🔊，如图6-28
所示。

步骤 08 在弹出的界面中向左拖动滑块，调整音量为0，点击 ✓ 按钮，如图6-29所示。

步骤 09 此时即可自动添加关键帧，制作背景音乐逐渐淡化的效果，如图6-30所示。

图6-25　手动添加节拍点

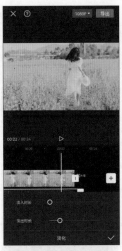

图6-26　调整淡化时长

图6-27　添加关键帧

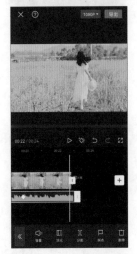

图6-28　点击"音量"按钮

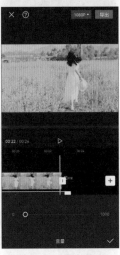

图6-29　调整音量

图6-30　自动添加关键帧

6.3　添加音效与配音

在短视频的音频编辑中，除了添加背景音乐外，还可以添加音效与配音。音效与配音可以使短视频更具层次感和故事感。

6.3.1　添加音效

音效主要包括环境音和特效音。为短视频添加音效可以增强代入感，让观众产生身临其境的感受。下面在剪映中为"一个人在海边沙滩上散心"的视频素材添加音效，具体操作方法如下。

步骤 01 导入视频素材，将时间指针定位到最左侧，在音频工具栏中点击"音效"按钮，如图6-31所示。

视频

添加音效

步骤 02 在弹出的界面中点击"环境音"分类，从中找到"海浪"音效，点击"使用"按钮，如图6-32所示。

步骤 03 也可以在搜索框中输入"海浪"，然后在搜索结果列表中选择所需的音效，点击"使用"按钮，如图6-33所示。

图6-31 点击"音效"按钮

图6-32 按分类寻找音效

图6-33 搜索音效

步骤 04 根据需要修剪音效素材的开始和结束位置，然后点击"音量"按钮 🔊，如图6-34所示。

步骤 05 在弹出的界面中向左拖动滑块，调整音量为60（即原音量的60%），然后点击 ✅ 按钮，如图6-35所示。

步骤 06 剪映音效库中还包括一些常用的背景音乐音效。此处在音效库中搜索"情感"，在搜索结果中选择要使用的背景音乐音效，然后点击"使用"按钮，如图6-36所示。

图6-34 点击"音量"按钮

图6-35 调小音量

图6-36 使用背景音乐音效

↘ 6.3.2 录制声音

使用剪映的"录音"功能可以实时为视频画面录制语音旁白，还可以对录音进行变声处理，具体操作方法如下。

视频

录制声音

步骤 **01** 将时间指针定位到需要录音的位置，在音频工具栏中点击"录音"按钮，如图6-37所示。

步骤 **02** 在打开的界面中点击"录音"按钮开始录音，如图6-38所示。

步骤 **03** 录音开始后视频将随之播放，对着手机麦克风说话即可。录音完成后，点击"停止"按钮停止录音，如图6-39所示，然后点击✔按钮添加录音。

图6-37 点击"录音"按钮　　图6-38 点击"录音"按钮　　图6-39 点击"停止"按钮

步骤 **04** 在音频轨道上选中录制的声音，点击"音量"按钮，在弹出的界面中向右拖动滑块调大音量，然后点击✔按钮，如图6-40所示。

步骤 **05** 将工具栏向左滑动，然后点击"降噪"按钮，如图6-41所示。

步骤 **06** 在弹出的界面中打开"降噪开关"按钮，以减少录音中的环境噪声，然后点击✔按钮，如图6-42所示。

步骤 **07** 在工具栏中点击"变声"按钮，在弹出的界面中选择要使用的变声效果，如"女生"，然后点击✔按钮，如图6-43所示。

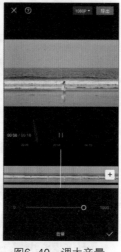

图6-40 调大音量　　　　图6-41 点击"降噪"按钮

121

步骤 08 在工具栏中点击"变速"按钮◎，在弹出的界面中选中"声音变调"选项调整录音速度，调慢速度可以使声音变得低沉，调快速度可以使声音变得尖锐，如图6-44所示。

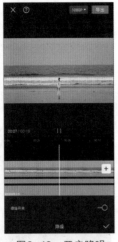
图6-42　开启降噪

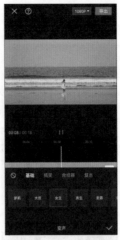
图6-43　设置录音变声

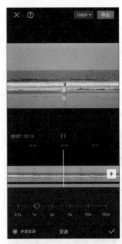
图6-44　设置录音变速

↘ 6.3.3　使用"文本朗读"添加配音

如果短视频创作者觉得自己配的声音不好听，可以利用剪映的"文本朗读"功能添加配音，并选择自己需要的音色，具体操作方法如下。

步骤 01 将时间指针定位到需要添加配音的位置，在一级工具栏中点击"文字"按钮T，如图6-45所示。

步骤 02 在弹出的界面中点击"新建文本"按钮A+，如图6-46所示。

步骤 03 在弹出的界面中输入文本，并对文本进行换行处理，然后点击✓按钮，如图6-47所示。

视频

使用"文本朗读"添加配音

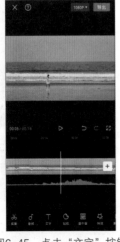
图6-45　点击"文字"按钮

图6-46　点击"新建文本"按钮

图6-47　输入文本

步骤 04 在文字轨道上选中文本，然后在工具栏中点击"文本朗读"按钮█，如图6-48所示。

步骤 05 在弹出的界面中选择所需的音色，此处选择"温柔淑女"音色，点击✓按钮，如图6-49所示。

步骤 06 删除文本，进入音频轨道，选中配音，点击"音量"按钮█，如图6-50所示。

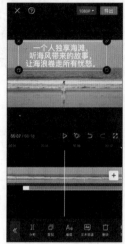 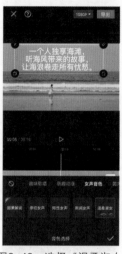 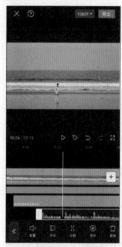

图6-48　点击"文本朗读"　　　图6-49　选择"温柔淑女"　　　图6-50　点击"音量"按钮
　　　　　按钮　　　　　　　　　　　　　音色

步骤 07 在弹出的界面中向右拖动滑块调大音量，然后点击✓按钮，如图6-51所示。

步骤 08 选中配音，点击"变速"按钮█，在弹出的界面中调整速度为0.8x，然后点击✓按钮，如图6-52所示。

步骤 09 将配音分割为3段，每段设置1句话，然后调整每段配音的位置，使每句话说完后稍稍停顿，如图6-53所示。

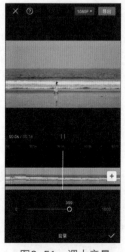 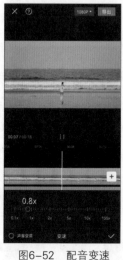 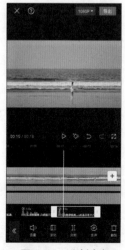

图6-51　调大音量　　　　　图6-52　配音变速　　　　　图6-53　分割音频

6.4 为"盛夏时光"视频添加音频

下面在剪映中为"盛夏时光"视频添加背景音乐和多种音效，具体操作方法如下。

视频

为"盛夏时光"
视频添加音频

步骤 01 导入视频素材，在音频工具栏中点击"音效"按钮，如图6-54所示。

步骤 02 在弹出的音效界面中搜索"打雷"，然后选择所需的音效，并在其右侧点击"使用"按钮，如图6-55所示。

步骤 03 对音效素材进行修剪，然后调整其位置，使视频一开始就出现打雷声，如图6-56所示。

图6-54 点击"音效"按钮　　图6-55 搜索并使用音效　　图6-56 修剪并调整音效

步骤 04 在音频轨道上继续添加音效，在音效库中搜索"下雨水滴"，然后选择所需的音效，并在其右侧点击"使用"按钮，如图6-57所示。

步骤 05 调整"下雨水滴声"音效素材的位置，如图6-58所示。

步骤 06 在音频轨道上添加第一段背景音乐，在音乐库中搜索歌曲名称"take me hand"，然后选择所需的背景音乐，在其右侧点击"使用"按钮，如图6-59所示。

步骤 07 对背景音乐进行修剪，使其只保留前奏的钢琴曲部分。在工具栏中点击"淡化"按钮，如图6-60所示。

步骤 08 在弹出的界面中拖动滑块，设置背景音乐淡出时长为2秒，然后点击✓按钮，如图6-61所示。

步骤 09 根据背景音乐对视频素材进行修剪，并添加"叠化"转场效果，然后对"下雨水滴声"音效素材进行修剪，如图6-62所示。

步骤 10 点击最后一个雨天镜头和第一个晴天镜头之间的转场按钮，在弹出的界面中点击"互动emoji"分类，选择"摄像机"转场，然后点击✓按钮，如图6-63所示。

图6-57　搜索音效

图6-58　调整音效素材位置

图6-59　搜索并添加音乐

图6-60　点击"淡化"按钮

图6-61　设置淡出时长

图6-62　修剪视频素材和
音效素材

步骤⑪ 将时间指针定位到转场前的位置，在音频工具栏中点击"音效"按钮🔊，如图6-64所示。

步骤⑫ 在弹出的界面中搜索"门把手"，选择"转动门把手声音"音效，然后点击"使用"按钮，如图6-65所示。

步骤⑬ 此时即可为两个视频素材的转场添加音效，如图6-66所示。

步骤⑭ 在音频轨道上继续添加音效，在音效库中搜索"夏天来了"，选择"萌娃，夏天主题，夏天来啦"音效，然后点击"使用"按钮，如图6-67所示。

步骤⑮ 选择"萌娃，夏天主题，夏天来啦"音效素材，点击"变速"按钮🔄，如图6-68所示。

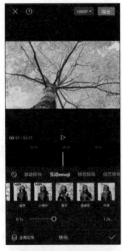

图6-63　选择转场

图6-64　点击"音效"按钮

图6-65　搜索并添加音效

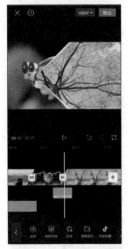

图6-66　为转场添加音效

图6-67　搜索并添加音效

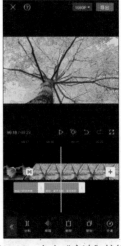

图6-68　点击"变速"按钮

步骤16 在弹出的界面中调整速度为0.8x，然后点击✓按钮，如图6-69所示。

步骤17 在音频轨道上添加第二段背景音乐，在音乐库中搜索歌曲名称"梦的地方"，选择所需的音乐，在其右侧点击"使用"按钮，如图6-70所示。

步骤18 调整第二段背景音乐的位置，使"萌娃，夏天主题，夏天来啦"音效结束后"梦的地方"音乐声响起，如图6-71所示。

步骤19 根据背景音乐修剪视频素材，然后为第二个晴天视频素材添加"夏季鸟类叽叽喳喳叫"音效，修剪音效素材长度，使其与视频素材的长度一致，如图6-72所示。

步骤20 点击"淡化"按钮▮，在弹出的界面中拖动滑块，设置淡出时长为1秒，然后点击✓按钮，如图6-73所示。

步骤21 为后面的视频素材添加"微风音效（1）"音效，在视频素材的尾部对背景音乐和音效进行修剪，并设置背景音乐淡出效果，如图6-74所示。

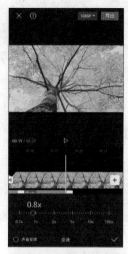

图6-69 设置音效变速

图6-70 搜索并添加音乐

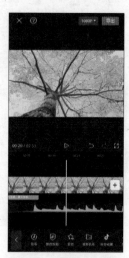

图6-71 调整音乐位置

图6-72 添加音效

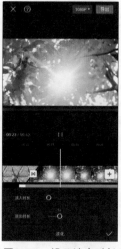

图6-73 设置淡出时长

图6-74 修剪音频素材

课后练习

1. 简述为短视频选择背景音乐的原则。

2. 打开"素材文件\第6章\课后练习"文件，将提供的视频素材导入剪映，添加背景音乐和音效，制作海洋风光短视频。

关键操作：对视频素材进行粗剪，添加背景音乐并根据背景音乐对视频素材进行变速调整，为视频素材添加相应的音效。

第 7 章
添加字幕和贴纸

【学习目标】

➤ 掌握在剪映中为短视频添加字幕的方法。
➤ 掌握在剪映中为短视频添加贴纸的方法。

【技能目标】

➤ 能够根据实际需要在短视频中添加并编辑字幕。
➤ 能够在短视频中添加内置贴纸和自定义贴纸。

【素养目标】

➤ 实践出真知，让学生在实践中感受短视频创作的乐趣。
➤ 培养学生的家国情怀，帮助学生建立民族自信心和自豪感。

　　字幕在短视频内容表现形式中占有重要的地位，可以让用户更清晰地理解短视频内容。使用贴纸可以让短视频变得生动有趣，丰富多彩。剪映中的字幕和贴纸都位于文字轨道中，两者经常组合使用。本章将详细介绍短视频中字幕和贴纸的应用。

7.1 添加字幕

下面介绍如何在短视频中添加字幕，包括添加标题并设置字体样式、应用花字样式、添加文本动画、应用文字模板、设置文字跟踪、自动识别字幕，以及制作字幕效果等。

↘ 7.1.1 添加标题并设置字体样式

下面在剪映中导入一段视频素材，先对视频画面进行裁剪处理，然后为视频素材添加标题，并设置字体样式，具体操作方法如下。

视频

添加标题并设置
字体样式

步骤01 在剪映中导入并选中视频素材，点击"编辑"按钮▣，然后点击"裁剪"按钮▣，如图7-1所示。

步骤02 选择1∶1裁剪比例，通过缩放或移动视频画面选择裁剪区域，然后点击✓按钮，如图7-2所示。

步骤03 返回一级工具栏，点击"背景"按钮▨，然后点击"画布模糊"按钮◐，在弹出的界面中选择所需的模糊程度，点击✓按钮，如图7-3所示。

图7-1 点击"裁剪"按钮　　　图7-2 选择裁剪区域　　　图7-3 设置画布模糊

步骤04 在轨道上选中视频素材，在视频预览区域使用两指向外拉伸放大画面，如图7-4所示。

步骤05 将时间指针定位到最左侧，在一级工具栏中点击"文字"按钮▮，然后点击"新建文本"按钮⒜，如图7-5所示。

步骤06 在弹出的界面中输入标题文本，然后在文本编辑界面中点击"字体"按钮，选择所需的字体格式，此处选择"新青年体"，如图7-6所示。

步骤07 点击"样式"按钮，在打开的界面上方选择预设的文本样式，如图7-7所示。

步骤08 点击文本样式左侧的◎按钮，取消应用文本样式。在下方点击"文本"标签，然后设置文本颜色，调整"字号""透明度"等参数，如图7-8所示。

步骤09 点击"描边"标签，设置描边颜色，调整"粗细度"参数，如图7-9所示。

图7-4　放大画面

图7-5　点击"新建文本"按钮

图7-6　选择字体格式

图7-7　选择文本样式

图7-8　设置文本样式

图7-9　设置描边样式

步骤⑩ 点击"背景"标签，设置背景颜色，调整"透明度""圆角程度"参数，如图7-10所示。

步骤⑪ 在"背景"参数界面中向上滑动，显示更多参数设置，根据需要调整"高度""宽度""上下偏移""左右偏移"等参数，如图7-11所示。

步骤⑫ 点击"阴影"标签，设置阴影颜色，调整"透明度""模糊度""距离""角度"等参数，如图7-12所示。

步骤⑬ 点击"排列"标签，设置对齐方式，调整"缩放""字间距""行间距"等参数，如图7-13所示。

步骤⑭ 在输入框中长按选中文字，所选文字呈高亮显示，拖动所选文字左右两侧的边界滑块调整选择范围，此处选中"自驾游"3个字，点击"粗斜体"标签，然后点击"加粗"按钮 B 和"斜体"按钮 i，如图7-14所示。

步骤⑮ 点击"文本"标签，设置其颜色和字号，点击✔按钮，如图7-15所示。

图7-10 设置背景样式1

图7-11 设置背景样式2

图7-12 设置阴影样式

图7-13 设置排列样式

图7-14 设置粗斜体样式

图7-15 设置文本样式

↘ 7.1.2 应用花字样式

剪映提供了丰富的花字样式，用户可以一键制作极具个性的文字效果，如发光字、空心字、金属字等。应用花字样式的具体操作方法如下。

步骤 01 在视频画面下方输入日期和地点文本，并设置文本字体格式，如图7-16所示。

步骤 02 点击"花字"按钮，滑动花字样式列表可以浏览其他样式，点击花字样式即可应用样式，长按花字样式可收藏样式，此时花字样式右上角将显示★标记，如图7-17所示。

步骤 03 在查找花字样式时，可以先点击花字样式的分类标签，如点击"黑白"标签，然后选择所需的花字样式，点击✓按钮，如图7-18所示。用户还可以点击左上方的"搜索"按钮🔍搜索相关样式，如搜索"空心""图案"等。

图7-16　设置字体格式

图7-17　收藏花字样式

图7-18　按分类查找花字样式

↘ 7.1.3　添加文本动画

视频

添加文本动画

在剪映中，用户可以很方便地为文本添加入场动画、出场动画和循环动画，具体操作方法如下。

步骤 01 将时间指针定位到要添加文本的位置，然后输入文本"赶紧避避雨"，设置字体格式，并应用文本样式，如图7-19所示。

步骤 02 点击"动画"按钮，然后点击"入场动画"标签，选择"随机弹跳"动画样式，然后拖动滑块调整动画时长，如图7-20所示。

步骤 03 点击"出场动画"标签，选择"渐隐"动画样式，然后拖动滑块调整动画时长，点击☑按钮，如图7-21所示。

图7-19　设置文本样式

图7-20　设置入场动画

图7-21　设置出场动画

步骤 04 在文字轨道上调整文本素材时长，如图7-22所示。

步骤 05 返回一级工具栏，将时间指针定位到文本素材的开始位置，点击"音频"按钮♪，然后点击"音效"按钮🔊，在弹出的界面中搜索"弹簧"，找到要使用的音效后点击

"使用"按钮，如图7-23所示。

步骤 06 根据文本动画出现的位置微调音效素材的位置，使其与文本动画相匹配，如图7-24所示。

图7-22 调整文本素材时长　　图7-23 选择音效　　图7-24 调整音效素材位置

↘ 7.1.4　应用文字模板

使用剪映的"文字模板"功能可以一键对添加的文本进行包装，生成情绪、综艺感、气泡、手写字、片头标题等短视频中常用的字幕效果，具体操作方法如下。

视频

应用文字模板

步骤 01 在要添加文本的位置输入文字，并在输入框中设置文字换行，如图7-25所示。

步骤 02 点击"文字模板"按钮，然后点击"综艺感"标签，选择所需的模板，点击✔按钮，如图7-26所示。

步骤 03 在开始位置添加"啵1"音效，并复制2个音效，如图7-27所示。

图7-25 输入文字并设置换行　　图7-26 选择文字模板　　图7-27 添加音效

↘ 7.1.5　设置文字跟踪

使用剪映的跟踪功能可以使文字或贴纸跟踪画面中某个运动物体或人物，如使用马赛克贴纸跟踪人物面部。设置文字跟踪的具体操作方法如下。

视频

设置文字跟踪

步骤 01　在文字轨道上选中文本素材，在工具栏中点击"跟踪"按钮 🎯，如图7-28所示。

步骤 02　在弹出的界面中拖动控制柄，调整跟踪范围，即框选走路的幼儿，点击"开始跟踪"按钮，使其开始自动跟踪所选人物，点击 ✅ 按钮，如图7-29所示。

步骤 03　拖动时间指针预览文字跟踪效果，可以看到文字与人物同步运动，如图7-30所示。

图7-28　点击"跟踪"按钮

图7-29　选择跟踪范围

图7-30　预览跟踪效果

↘ 7.1.6　自动识别字幕

使用剪映的文字识别功能可以将视频中的人声或背景音乐中的歌词自动识别为字幕，避免逐句输入的麻烦。识别人声字幕和歌词字幕的具体操作方法如下。

视频

自动识别字幕

步骤 01　导入带有人声的视频素材，在一级工具栏中点击"文字"按钮 T，然后点击"识别字幕"按钮 A，如图7-31所示。

步骤 02　选择识别类型，此处选择"仅视频"类型，点击"开始识别"按钮 开始识别，识别完成后点击 ✅ 按钮，如图7-32所示。若要对录音进行识别，可选择"全部"类型。

步骤 03　查看自动识别的字幕，选中字幕，点击"批量编辑"按钮 ✍，如图7-33所示。

步骤 04　在弹出的界面中对自动识别的字幕进行编辑，点击文本即可快速跳转到相应的位置，再次点击文本可以编辑文本，如修改错字，如图7-34所示。

步骤 05　选中文本，点击"编辑"按钮 Aa，在弹出的对话框中设置字体格式为"梅雨煎茶"，然后选择所需的花字样式，如图7-35所示。编辑一个字幕的文本样式、花字样式或位置，即可将其应用到所有字幕中。

步骤 06 在剪映中导入包含背景音乐的视频素材，也可导入视频素材后在剪映中添加背景音乐。点击"文字"按钮T，然后点击"识别歌词"按钮，如图7-36所示。

图7-31 点击"识别字幕"按钮

图7-32 点击"开始识别"按钮

图7-33 点击"批量编辑"按钮

图7-34 批量编辑字幕

图7-35 设置文本样式

图7-36 点击"识别歌词"按钮

步骤 07 在弹出的界面中点击"开始识别"按钮 开始识别 ，开始自动识别背景音乐中的歌词字幕，识别完成后点击✓按钮，如图7-37所示。

步骤 08 选中识别的歌词字幕，点击"动画"按钮，如图7-38所示。

步骤 09 在弹出的界面中点击"入场动画"按钮，选择"卡拉OK"动画，拖动滑块将动画时长调至最大限度，点击✓按钮，如图7-39所示。采用同样的方法，为其他字幕添加入场动画。

图7-37　点击"开始识别"按钮　图7-38　点击"动画"按钮　图7-39　设置入场动画

↘ 7.1.7　制作字幕效果

在剪映中可以制作特殊的字幕效果，下面运用画中画、混合模式和特效功能制作发光文字效果，具体操作方法如下。

视频

制作字幕效果

步骤 01 在剪映中导入视频素材，在视频开始位置添加标题"小镇夕阳"，设置字体、样式等格式，如图7-40所示。

步骤 02 点击"动画"按钮，然后点击"入场动画"标签，选择"开幕"动画，拖动滑块调整动画时长为1.5秒，如图7-41所示。

步骤 03 点击"出场动画"标签，选择"溶解"动画，拖动滑块调整动画时长为1.5秒，点击✓按钮，如图7-42所示。

图7-40　输入文字并设置格式　图7-41　设置入场动画　图7-42　设置出场动画

步骤 04 在文字轨道上调整文本素材的时长为6秒，在文本素材开始位置和第2秒位置分别添加关键帧，然后将时间指针移至第1个关键帧位置，使用两指在预览区域的文字上向外拉伸，放大文字，如图7-43所示。

步骤 05 在视频剪辑界面的左上方点击"关闭"按钮▨，返回剪映的"剪辑"功能界面，点击界面右下方的"更多"按钮▦，在弹出的界面中点击"复制草稿"选项，生成项目副本，如图7-44所示。

步骤 06 进入项目副本的剪辑界面，将时间指针移至最左侧，点击轨道右侧的"添加素材"按钮⊞，如图7-45所示。

图7-43　调整文字大小　　图7-44　点击"复制草稿"选项　图7-45　点击"添加素材"按钮

步骤 07 在弹出的界面上方点击"素材库"，然后选中"热门"分类中的黑场素材，点击"添加"按钮 添加 ，如图7-46所示。

步骤 08 将文本素材移至黑场素材下方，并删除视频素材，然后点击右上方的"导出"按钮导出视频，如图7-47所示。

步骤 09 退出项目副本剪辑界面，进入项目剪辑界面，在一级工具栏中点击"画中画"按钮▦，然后点击"新增画中画"按钮⊞，如图7-48所示。

图7-46　添加黑场素材　　　图7-47　导出视频　　图7-48　点击"新增画中画"按钮

步骤 10 在弹出的界面中选择导出的视频，然后调整画中画为全屏大小，点击"混合模式"按钮，如图7-49所示。

步骤 11 在弹出的界面中选择"滤色"混合模式，然后点击✓按钮，如图7-50所示。

步骤 12 返回一级工具栏，为视频添加画面特效，选择"光"分类中的"天使光"特效，然后点击✓按钮，如图7-51所示。

图7-49 点击"混合模式"按钮　　图7-50 选择"滤色"　　图7-51 选择"天使光"特效
混合模式

步骤 13 调整画面特效的时长至与画中画等长，点击"作用对象"按钮◈，在弹出的界面中选择"画中画"选项，然后点击✓按钮，如图7-52所示。

步骤 14 复制"天使光"特效，并将其移至下层轨道，点击"调整参数"按钮，在弹出的对话框中调整"强度"，然后点击✓按钮，如图7-53所示。

步骤 15 再次复制"天使光"特效，然后将该特效移至最下层轨道，点击"替换特效"按钮，如图7-54所示。

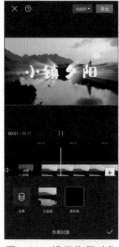

图7-52 设置作用对象　　图7-53 调整特效参数　　图7-54 点击"替换特效"按钮

步骤 16 在弹出的界面中选择"动感"分类下的"边缘加色III"特效，点击特效图标上的"调整参数"按钮，在弹出的界面中调整"强度"，点击√按钮，如图7-55所示。

步骤 17 在一级工具栏中点击"文字"按钮，然后编辑文字，为文字应用所需的花字样式，如图7-56所示。

步骤 18 选中画中画视频素材，在工具栏中点击"不透明度"按钮，在弹出的界面中拖动滑块，即可调整文字发光的强弱效果，如图7-57所示。

图7-55　设置特效

图7-56　应用花字样式

图7-57　调整不透明度

7.2　添加贴纸

贴纸的作用有很多，比如不希望人脸出镜时可以使用动物头像挡住人脸；在人物伤心沮丧时添加"大哭"贴纸，放大人物的情绪；在尴尬的场景中添加"乌鸦飞过"贴纸，营造尴尬的氛围。下面将详细介绍如何在剪映中为视频添加贴纸。

7.2.1　添加内置贴纸

剪映内置了丰富的贴纸，并对贴纸做了详细的分类，如"表情""遮挡""爱心""闪闪"等，用户可以通过搜索关键词（如"表情包"）搜索相应的贴纸。添加内置贴纸的具体操作方法如下。

视频

添加内置贴纸

步骤 01 在剪映中打开前面添加了字幕的视频素材，将时间指针定位到要添加贴纸的位置，在文字工具栏中点击"贴纸"按钮，如图7-58所示。

步骤 02 在弹出的界面中点击"情绪"分类，选择要添加的贴纸，然后点击√按钮，如图7-59所示。长按贴纸，可以收藏或取消收藏贴纸。

步骤 03 在预览区域中调整贴纸的大小和位置，在文字轨道上调整贴纸的时长，使其与相应的文本素材时长对齐。选中贴纸，点击"动画"按钮，如图7-60所示。

图7-58　点击"添加贴纸"按钮　　图7-59　选择贴纸　　图7-60　点击"动画"按钮

步骤 04 在弹出的界面中点击"出场动画"按钮，选择"渐隐"动画，拖动滑块调整动画时长，点击 ✓ 按钮，如图7-61所示。

步骤 05 将时间指针移至最左侧，打开贴纸界面，在搜索框中搜索"跑"，选择要添加的贴纸，然后点击 ✓ 按钮，如图7-62所示。

步骤 06 调整贴纸的位置，使其位于婴儿推车车轮位置，然后点击"添加关键帧"按钮 ◇ 添加关键帧，如图7-63所示。

图7-61　设置出场动画　　图7-62　搜索并选择贴纸　　图7-63　添加关键帧

步骤 07 向左拖动时间指针，然后根据婴儿推车车轮位置调整贴纸位置，此时贴纸上将自动添加关键帧，如图7-64所示。

步骤 08 采用同样的方法继续移动时间指针，然后调整贴纸的大小和位置并将其旋转一定的角度，如图7-65所示。

步骤 09 在贴纸开始出现的位置添加"刹车"音效，如图7-66所示。

图7-64 调整贴纸位置

图7-65 调整贴纸

图7-66 添加音效

7.2.2 添加自定义贴纸

如果剪映内置的贴纸不能满足创作需求，用户可以将自己设计的贴纸图片添加到短视频中。下面在短视频中添加"网友评论"贴纸，具体操作方法如下。

视频

添加自定义贴纸

步骤01 将时间指针定位到要添加贴纸的位置，点击"添加贴纸"按钮，在界面左上方点击"自定义贴纸"按钮，如图7-67所示。

步骤02 在弹出的界面中选择相册中保存的图片，即可将图片添加到画面中。调整图片的大小和旋转角度，然后在文字轨道上调整贴纸的时长，如图7-68所示。

步骤03 选中贴纸，点击"动画"按钮，在弹出的界面中点击"入场动画"按钮，选择"旋入"动画，拖动滑块调整动画时长，点击按钮，如图7-69所示。

图7-67 点击"自定义贴纸"按钮

图7-68 调整贴纸

图7-69 设置入场动画

课后练习

1. 在剪映中导入"素材文件\第7章\课后练习\视频1.mp4"文件，利用自动识别功能添加字幕，然后设置字幕花样样式。

2. 在剪映中导入"素材文件\第7章\课后练习\视频2.mp4"文件，在视频素材中添加字幕和贴纸，然后添加合适的音效。

第 **8** 章
短视频调色

【学习目标】

➤ 掌握在剪映中为视频素材添加滤镜的方法。
➤ 掌握在剪映中对不同类型的短视频进行调色的技巧。

【技能目标】

➤ 能够根据实际需要为短视频添加滤镜。
➤ 能够根据需要对不同类型的短视频进行调色。

【素养目标】

➤ 在短视频创作中弘扬工匠精神：严谨、专注、敬业。
➤ 把握新时代的发展方向，养成辩证思维、系统思维和创新思维。

　　调色对于短视频创作而言非常重要，色彩的合理搭配不仅可以烘托气氛，还决定着短视频的风格。本章将详细介绍如何在剪映中使用滤镜和调色功能对短视频进行调色，以增强短视频画面的表现力和感染力。

8.1 使用视频滤镜

使用滤镜为视频调色，可以一键为视频应用特殊的色彩效果。剪映为用户提供了丰富的滤镜，并按照色彩风格进行了详细的分类。使用滤镜调色可以将滤镜应用到单个视频素材中，也可以应用到某个视频片段。

8.1.1 将滤镜应用到单个视频素材

下面将介绍如何在剪映中为视频素材添加滤镜，具体操作方法如下。

步骤 01 导入视频素材，在轨道上选中视频素材，在工具栏中点击"滤镜"按钮，如图8-1所示。

步骤 02 在弹出的界面中点击"人像"分类，选择"净透"滤镜，拖动滑块调整滤镜强度，在预览区域可以看到画面变得通透干净，人物皮肤也变得白皙，调整完成后点击✓按钮，如图8-2所示。在滤镜界面中长按滤镜可以收藏滤镜，点击"全局应用"按钮可以将滤镜应用到轨道上的所有视频素材，点击⊘按钮可以删除滤镜。

步骤 03 在"滤镜"界面中点击▦按钮，打开"滤镜商店"界面，从中可以将更多的滤镜添加到"滤镜"界面，如图8-3所示。在"滤镜"界面中点击┷按钮，可以对添加的滤镜进行管理，如重新排序、删除滤镜等。

视频
将滤镜应用到
单个视频素材

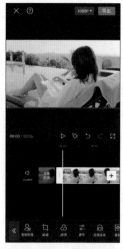
图8-1 点击"滤镜"按钮

图8-2 选择"净透"滤镜

图8-3 "滤镜商店"界面

8.1.2 将滤镜应用到某个视频片段

除了可以为单个视频素材应用滤镜外，用户还可以将滤镜应用到某个视频片段，自由调整滤镜的时长，具体操作方法如下。

步骤 01 导入视频素材，在一级工具栏中点击"滤镜"按钮，如图8-4所示。

步骤 02 在弹出的界面中点击"基础"分类，选择"清晰"滤镜，然

视频
将滤镜应用到
某个视频片段

后点击☑按钮，如图8-5所示。

步骤 **03** 此时添加的滤镜就会显示在滤镜轨道上，点击"新增滤镜"按钮🎞，如图8-6所示。

图8-4 点击"滤镜"按钮　　图8-5 选择"清晰"滤镜　　图8-6 点击"新增滤镜"按钮

步骤 **04** 在弹出的界面中点击"基础"分类，选择"去灰"滤镜，即可将两个滤镜进行叠加，点击☑按钮，如图8-7所示。

步骤 **05** 采用同样的方法新增滤镜，在"滤镜"界面中选择"室内"分类中的"潘多拉"滤镜，即可叠加3个滤镜，点击☑按钮，如图8-8所示。

步骤 **06** 在滤镜轨道上选中滤镜，可以根据需要调整滤镜的时长，对滤镜进行复制、分割、删除等操作，如图8-9所示。

图8-7 选择"去灰"滤镜　　图8-8 选择"潘多拉"滤镜　　图8-9 调整滤镜

8.2 不同短视频的调色技巧

下面将介绍如何使用剪映的调色功能对不同类型的短视频进行调色。

↘ 8.2.1 使用剪映的调色功能

剪映的调色功能包括基础调色、HSL调色和曲线调色3部分。

视频

基础调色

1. 基础调色

剪映的基础调色用于校正画面的色彩和曝光，使所有素材的色彩和曝光呈同一风格。基础调色主要包括12个调色功能，按照作用可以分为色彩调整、明暗调整和效果调整。

（1）色彩调整

● 色温◙：用于校准画面白平衡，使画面达到正常色温。用户可以根据需要进行调整，向左调整使画面偏暖，向右调整使画面偏冷。

● 色调◙：用于改变整体画面的颜色，向左调整增加冷色调，向右调整增加暖色调。

● 饱和度◙：用于调整画面色彩的鲜艳程度，可以提高或降低画面中各色彩的纯度。

（2）明暗调整

● 亮度◙：用于调整画面整体的明暗程度，可以提高或降低画面的整体亮度。

● 对比度◐：用于调整画面明暗对比效果，让亮的部分更亮、暗的部分更暗，让画面更有层次感。

● 高光◙：用于调整画面内部结构的高光区域（画面中光线充足的区域），提高和降低曝光。它只对高光区域起作用，不会对正常曝光区域造成影响。

● 阴影◙：用于调整画面暗部区域，通常用于显示细节，常与对比度同时使用。

● 光感◙：用于模拟自然光，改变画面内部的结构亮度，让曝光过渡更加自然。

（3）效果调整

● 锐化△：用于提高画面的清晰度，加深轮廓边缘强度，让画面更有质感、更加清晰。

● 褪色◙：用于让画面褪色，向右调整即可让画面的颜色褪去一些，使颜色变浅。

● 暗角◙：用于降低画面边缘的亮度，增加暗角可以让画面主体更加突出。

● 颗粒◙：用于增加画面的颗粒感。

下面使用剪映的基础调色功能对视频进行调色，具体操作方法如下。

步骤 **01** 导入视频素材，在一级工具栏中点击"调节"按钮◙，如图8-10所示。

步骤 **02** 在弹出的界面中点击"亮度"按钮◙，拖动滑块调整亮度为-10，如图8-11所示。

步骤 **03** 点击"对比度"按钮◐，拖动滑块调整对比度为20，如图8-12所示。

步骤 **04** 点击"光感"按钮◙，拖动滑块调整光感为20，如图8-13所示。

步骤 **05** 点击"锐化"按钮▲，拖动滑块调整锐化为10，如图8-14所示。

步骤 **06** 点击"高光"按钮◙，拖动滑块调整高光为30，然后点击◙按钮，如图8-15所示。

图8-10 点击"调节"按钮

图8-11 调整亮度

图8-12 调整对比度

图8-13 调整光感

图8-14 调整锐化

图8-15 调整高光

2. HSL调色

HSL调色可以调整某一种颜色的色相、饱和度和明度，HSL功能一共提供了8种颜色用来调整，分别是红色、橙色、黄色、绿色、青色、蓝色、紫色和洋红色。

下面将介绍如何使用HSL功能对短视频进行调色，具体操作方法如下。

视频

HSL调色

步骤 **01** 在"调节"界面中点击"HSL"按钮 HSL ，如图8-16所示。

步骤 **02** 打开HSL界面，点击"红色"按钮 ，将色相向橙色调整，并提高饱和度，如图8-17所示。

步骤 **03** 点击"橙色"按钮 ，将橙色的色相稍微向黄色调整，并提高饱和度，如图8-18所示。

图8-16　点击"HSL"按钮

图8-17　调整红色

图8-18　调整橙色

步骤04 点击"黄色"按钮，将黄色的色相向橙色调整，并提高饱和度和亮度，可以看到饮料颜色由黄色变为橙色，如图8-19所示。

步骤05 点击"绿色"按钮，降低饱和度，如图8-20所示。

步骤06 调整其他颜色，降低它们的饱和度，如图8-21所示。

图8-19　调整黄色

图8-20　调整绿色

图8-21　降低其他颜色饱和度

3. 曲线调色

　　剪映的曲线调色中有4种类型的曲线，分别是亮度曲线、红色曲线、绿色曲线和蓝色曲线。在学习使用曲线调色前，首先需要了解RGB色彩模式原理。RGB又称"光的三原色"，由红、绿、蓝3种颜色组成，是一种加色模式，也就是颜色相加的成色原理，即红+绿=黄、红+蓝=品红、绿+蓝=青、红+绿+蓝=白。这其中又分为相邻色和互补

视频

曲线调色

色，比如红色的相邻色是黄色和品红，红色的互补色是青色，如图8-22所示。

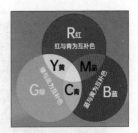

图8-22 RGB色彩模式原理

在RGB调色过程中，相邻色和互补色的调色非常重要，比如要增加画面中的红色，可以通过增加它的相邻色或减少它的互补色来实现，即增加黄色和品红或者减少青色。

下面将介绍如何在剪映中使用曲线功能对短视频进行调色，具体操作方法如下。

步骤01 导入视频素材，在一级工具栏中点击"调节"按钮 📲，然后点击"曲线"按钮 ⌇，点击"亮度"按钮 ◯，进入亮度曲线界面，如图8-23所示。曲线界面的横坐标从左到右依次代表阴影区、中间调区和高光区，纵坐标代表亮度值。

步骤02 在高光区、中间调区和阴影区点击添加3个控制点，将高光区的控制点向上提，将阴影区的控制点向下拉，让画面亮部更亮，暗部更暗，增加画面的对比度，如图8-24所示。要删除控制点，可在控制点上快速点击两次。

步骤03 连续点击"撤销"按钮 ↺，将亮度曲线恢复为原样。点击"红色"按钮 🔴，进入红色曲线界面，添加一个控制点，并向下拉动曲线，减少画面中的红色（即增加青色），如图8-25所示。

图8-23 亮度曲线　　　　图8-24 调整亮度曲线　　　　图8-25 调整红色曲线

步骤04 点击"绿色"按钮 🟢，进入绿色曲线界面，添加两个控制点，调整曲线，增加高光部分的绿色，减少阴影部分的绿色，如图8-26所示。

步骤05 点击"蓝色"按钮 🔵，进入蓝色曲线界面，添加一个控制点，并向下拉动曲线，减少画面中的蓝色（即增加黄色），如图8-27所示。

步骤06 点击"白色"按钮，进入亮度曲线界面，添加两个控制点，降低高光区和阴影区的亮度，如图8-28所示。

图8-26　调整绿色曲线

图8-27　调整蓝色曲线

图8-28　调整亮度曲线

↘ 8.2.2　美食短视频调色

下面在剪映中对美食短视频进行调色，使食物画面色彩饱满、细节丰富且具有质感，具体操作方法如下。

视频

美食短视频调色

步骤 01 导入视频素材，将时间指针定位到合适的位置，在一级工具栏中点击"调节"按钮 ，如图8-29所示。

步骤 02 在弹出的界面中点击"亮度"按钮 ，拖动滑块调整亮度为10，效果如图8-30所示。

步骤 03 点击"对比度"按钮 ，拖动滑块调整对比度为15，效果如图8-31所示。

图8-29　点击"调节"按钮

图8-30　调整亮度

图8-31　调整对比度

步骤 04 点击"饱和度"按钮 ，拖动滑块调整饱和度为15，效果如图8-32所示。

步骤 05 点击"锐化"按钮 ，拖动滑块调整锐化为15，效果如图8-33所示。

步骤 06 点击"色温"按钮 ，拖动滑块调整色温为20，效果如图8-34所示。

图8-32　调整饱和度

图8-33　调整锐化

图8-34　调整色温

步骤 **07** 在一级工具栏中点击"滤镜"按钮，在弹出的界面中点击"美食"分类，然后选择"暖食"滤镜，拖动滑块调整滤镜强度为80，点击✓按钮，效果如图8-35所示。

步骤 **08** 对比调色前后的画面，效果如图8-36所示。

图8-35　应用"暖食"滤镜

图8-36　对比调色效果

⬎ 8.2.3　小清新短视频调色

小清新风格的短视频具有高亮度、低饱和度、低对比度等特点，下面将短视频的色彩效果调整为小清新风格，具体操作方法如下。

步骤 **01** 导入视频素材，将时间指针定位到合适的位置，在一级工具栏中点击"调节"按钮，在弹出的界面中点击"饱和度"按钮，拖动滑块调整饱和度为-15，效果如图8-37所示。

步骤 **02** 点击"亮度"按钮，拖动滑块调整亮度为15，效果如图8-38所示。

视频

小清新短视频
调色

步骤 03 点击"对比度"按钮◐，拖动滑块调整对比度为−20，效果如图8−39所示。

图8−37　调整饱和度　　　图8−38　调整亮度　　　图8−39　调整对比度

步骤 04 点击"阴影"按钮◉，拖动滑块调整阴影为20，效果如图8−40所示。

步骤 05 点击"锐化"按钮△，拖动滑块调整锐化为30，效果如图8−41所示。

步骤 06 在一级工具栏中点击"滤镜"按钮❖，在弹出的界面中点击"风景"分类，选择"晴空"滤镜，拖动滑块调整滤镜强度为50，然后点击✓按钮，效果如图8−42所示。

图8−40　调整阴影　　　图8−41　调整锐化　　　图8−42　应用"晴空"滤镜

↘ 8.2.4　夕阳风光短视频调色

下面在剪映中对夕阳风光短视频进行调色，具体操作方法如下。

步骤 01 导入视频素材，将时间指针定位到合适的位置，在一级工具栏中点击"调节"按钮❖，如图8−43所示。

步骤 02 在弹出的界面中点击"光感"按钮◉，拖动滑块调整光感为−50，效果如图8−44所示。

视频

夕阳风光短视频
调色

步骤 03 点击"对比度"按钮🔘，拖动滑块调整对比度为15，效果如图8-45所示。

图8-43　点击"调节"按钮　　　　　图8-44　调整光感　　　　　图8-45　调整对比度

步骤 04 点击"阴影"按钮🔘，拖动滑块调整阴影为-20，效果如图8-46所示。

步骤 05 点击"饱和度"按钮🔘，拖动滑块调整饱和度为20，效果如图8-47所示。

步骤 06 点击"色调"按钮🔘，拖动滑块调整色调为-20，效果如图8-48所示。

图8-46　调整阴影　　　　　图8-47　调整饱和度　　　　　图8-48　调整色调

8.2.5　夜景短视频调色

下面在剪映中对夜景短视频进行调色，使夜景变得通透、清晰、更有质感，具体操作方法如下。

视频

夜景短视频调色

步骤 01 导入视频素材，将时间指针定位到合适的位置，在一级工具栏中点击"调节"按钮🔘，在弹出的界面中点击"色温"按钮🔘，拖动滑块调整色温为-20，效果如图8-49所示。

步骤 **02** 点击"饱和度"按钮◎，拖动滑块调整饱和度为15，效果如图8-50所示。

步骤 **03** 点击"亮度"按钮◎，拖动滑块调整亮度为−10，效果如图8-51所示。

图8-49 调整色温　　　　图8-50 调整饱和度　　　　图8-51 调整亮度

步骤 **04** 点击"对比度"按钮◐，拖动滑块调整对比度为15，效果如图8-52所示。

步骤 **05** 点击"光感"按钮◎，拖动滑块调整光感为−30，效果如图8-53所示。

步骤 **06** 点击"阴影"按钮◒，拖动滑块调整阴影为20，效果如图8-54所示。

图8-52 调整对比度　　　　图8-53 调整光感　　　　图8-54 调整阴影

步骤 **07** 点击"锐化"按钮△，拖动滑块调整锐化为15，效果如图8-55所示。

步骤 **08** 调色完成后，为短视频添加两个滤镜，以增加氛围感。在一级工具栏中点击"滤镜"按钮▧，在弹出的界面中点击"复古胶片"分类，选择"德古拉"滤镜，拖动滑块调整滤镜强度为80，点击✓按钮，效果如图8-56所示。

步骤 **09** 在一级工具栏中点击"滤镜"按钮▧，然后点击"复古胶片"分类，选择"普林斯顿"滤镜，拖动滑块调整滤镜强度为40，点击✓按钮，效果如图8-57所示。

图8-55　调整锐化　　　图8-56　应用"德古拉"滤镜　图8-57　应用"普林斯顿"滤镜

↘ 8.2.6　复古怀旧风短视频调色

下面在剪映中进行复古怀旧风短视频调色，具体操作方法如下。

步骤 01 导入视频素材，将时间指针定位到合适的位置，在一级工具栏中点击"调节"按钮，如图8-58所示。

步骤 02 在弹出的界面中点击"HSL"按钮，在弹出的界面中点击"蓝色"按钮，适当降低饱和度，此处降低饱和度为−100，效果如图8-59所示。

步骤 03 点击"青色"按钮，降低饱和度为−100，效果如图8-60所示。

视频

复古怀旧风
短视频调色

图8-58　点击"调节"按钮　　　图8-59　调节蓝色　　　图8-60　调节青色

步骤 04 点击"绿色"按钮，适当降低饱和度和亮度，效果如图8-61所示。

步骤 05 点击"黄色"按钮，适当降低饱和度和亮度，效果如图8-62所示。

步骤 06 点击"橙色"按钮，适当降低饱和度，然后点击"红色"按钮，同样降低饱和度，效果如图8-63所示，点击按钮退出HSL界面。

图8-61　调整绿色

图8-62　调整黄色

图8-63　调整红色

步骤 **07** 点击"对比度"按钮，拖动滑块调整对比度为15，效果如图8-64所示。

步骤 **08** 点击"阴影"按钮，拖动滑块调整阴影为15，点击按钮，效果如图8-65所示。

步骤 **09** 在一级工具栏中点击"滤镜"按钮，在弹出的界面中点击"复古胶片"分类，选择"VHSⅢ"滤镜，拖动滑块调整滤镜强度为60，点击按钮，效果如图8-66所示。

图8-64　调整对比度

图8-65　调整阴影

图8-66　应用"VHSⅢ"滤镜

↘ 8.2.7　青绿色色调短视频调色

下面对青绿色色调短视频进行调色，让其原本浓郁艳丽的色彩转变为有质感的灰色调。在调色时先将画面颜色转换为灰色调，再进行色彩调整，具体操作方法如下。

步骤 **01** 导入视频素材，将时间指针定位到合适的位置，在一级工具栏中点击"调节"按钮，如图8-67所示。

步骤 **02** 在弹出的界面中点击"亮度"按钮，拖动滑块调整亮度为

视频

青绿色色调
短视频调色

15，效果如图8-68所示。

步骤 **03** 点击"对比度"按钮🌓，拖动滑块调整对比度为-50，效果如图8-69所示。

图8-67　点击"调节"按钮

图8-68　调整亮度

图8-69　调整对比度

步骤 **04** 点击"高光"按钮◑，拖动滑块调整高光为-50，效果如图8-70所示。

步骤 **05** 点击"阴影"按钮◔，拖动滑块调整阴影为30，效果如图8-71所示。

步骤 **06** 点击"锐化"按钮△，拖动滑块调整锐化为15，效果如图8-72所示。

图8-70　调整高光

图8-71　调整阴影

图8-72　调整锐化

步骤 **07** 点击"曲线"按钮📈，然后点击右上方的控制点，并稍微向下拖动，降低曝光。点击左下方的控制点，并稍微向上拖动，如图8-73所示。

步骤 **08** 在高光区、中间调区和阴影区分别添加控制点，调整曲线形状，增加画面的对比度，如图8-74所示，然后点击✅按钮退出曲线界面。

步骤 09 点击"HSL"按钮 HSL，在弹出的界面中点击"蓝色"按钮 ●，将蓝色向青色调整，并适当降低饱和度，如图8-75所示。

图8-73 调整曲线

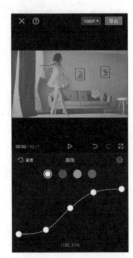
图8-74 调整曲线

图8-75 调整蓝色

步骤 10 点击"青色"按钮 ●，向右拖动色相滑块，并适当降低饱和度，如图8-76所示。

步骤 11 点击"绿色"按钮 ●，适当降低饱和度，如图8-77所示。

步骤 12 采用同样的方法降低其他颜色的饱和度，如图8-78所示。

图8-76 调整青色

图8-77 调整绿色

图8-78 降低其他颜色饱和度

步骤 13 点击"曲线"按钮 ⟋，然后点击"绿色"按钮 ●，调整绿色曲线形状，如图8-79所示。

步骤 14 点击"蓝色"按钮 ●，调整蓝色曲线形状，如图8-80所示，然后点击 ● 按钮退出曲线界面。

步骤 **15** 点击"对比度"按钮◐，根据需要将对比度调整为合适的参数，此处调整对比度为−25，效果如图8-81所示。调色完成后，用户还可根据需要添加所需的滤镜，以增强氛围感，如添加"室内"分类下的"奶杏""梦境"等滤镜。

图8-79 调整绿色曲线

图8-80 调整蓝色曲线

图8-81 调整对比度

课后练习

1. 在剪映中导入"素材文件\第8章\课后练习\夜景.mp4"文件，对视频素材的夜景进行调色，让画面颜色更加通透、有质感。

2. 在剪映中导入"素材文件\第8章\课后练习\美食.mp4"文件，对视频素材进行调色，使食物画面色彩饱满、细节丰富。

3. 在剪映中导入"素材文件\第8章\课后练习\小清新.mp4"文件，对视频素材进行小清新色调调色。

4. 在剪映中导入"素材文件\第8章\课后练习\青绿调色.mp4"文件，对视频素材进行青绿色色调调色。

第 9 章
短视频的优化和发布

【学习目标】

➤ 掌握优化短视频封面、片头/片尾、标题、发布时间的方法。
➤ 掌握为短视频添加话题标签的方法。
➤ 了解抖音审核机制、推荐算法,以及提高账号权重的方法。
➤ 掌握在抖音平台发布短视频的方法。

【技能目标】

➤ 能够对短视频封面、片头/片尾、标题等进行优化。
➤ 能够根据实际需求发布抖音短视频。

【素养目标】

➤ 树立规则意识、文明意识,发布积极向上的正能量短视频作品。
➤ 让短视频有深度、有趣味、有灵魂,推动社会主义精神文明建设。

短视频呈现的时间比较短,所以发布之前要把能优化的细节尽量优化到位,这样才能提高上热门的概率,使短视频获得更高的关注度。本章将重点介绍短视频的优化策略,以及在抖音平台发布短视频需要注意的事项与方法。

9.1 短视频的优化策略

要想让短视频更深入人心，传播范围更广泛，短视频创作者在发布短视频之前有必要对其进行优化。短视频的优化可以提升短视频的形象，其优化项目主要包括短视频封面、片头/片尾、标题、话题标签、选择发布时间等。

9.1.1 优化短视频封面

短视频封面是用户对短视频的第一印象，也是吸引更多用户观看短视频的重要影响因素，所以短视频封面的选择和设计至关重要。

视频

优化短视频封面

● **颜值封面**。顾名思义，颜值封面就是视觉效果美观的封面，能给人赏心悦目的感觉。这种封面比较适用于美食类、旅游类短视频。因为将高颜值的图片设置成短视频封面，能够快速抓住用户的眼球，吸引其点击浏览。

● **内容封面**。内容封面是把从短视频中提炼出来的核心信息放到封面上，能给人以直截了当的感觉。这些核心信息能够直抵用户的内心，迅速吸引他们的注意力，激起他们的兴趣，让他们主动点击观看。内容封面多用于知识技能、干货分享类的短视频。

● **悬念封面**。悬念封面是运用设置悬念的方法，通过封面上吸引人的文字标题或人物画面来激起用户的好奇心，引导用户点击观看，进而了解短视频的具体内容。要注意的是，悬念封面最后呈现的结果虽然不一定要完全出人意料，但要有结果，否则可能会让用户感觉受到欺骗。

● **借势封面**。借势封面是指封面内容借助了最新的热点话题及事件。因为热点话题及事件自带流量，可以让用户浏览到封面时快速点进去继续关注。虽然热点话题及事件可以借势，但要注意尺度，不是什么热点话题及事件都能为自己带来正面影响，所以在借势之前务必要考虑清楚，否则很有可能会为自己带来不必要的麻烦。

剪映提供了设置封面功能，并内置了不同风格的短视频封面模板，用户可以使用剪映快速地制作出美观的短视频封面，具体操作方法如下。

步骤01 打开剪辑项目，在轨道左侧点击"设置封面"按钮，如图9-1所示。

步骤02 在弹出的界面中左右拖动时间线，选择要设置为封面的视频画面，然后点击"封面模板"按钮🖼，如图9-2所示。

步骤03 在弹出的界面中点击"影视"分类，选择要使用的模板，然后点击✓按钮，如图9-3所示。

图9-1 点击"设置封面"按钮

图9-2 点击"封面模板"按钮

步骤 04 在封面上点击要修改的文字，在弹出的界面中修改文字，点击 ☑ 按钮，如图9-4所示。

步骤 05 采用同样的方法修改其他文字，封面设置完成后点击"保存"按钮即可，如图9-5所示。

图9-3 选择模板

图9-4 修改文字

图9-5 封面设置完成后
点击"保存"按钮

↘ 9.1.2 优化短视频片头/片尾

短视频片头的风格可以奠定短视频的整体基调，能以精彩的视觉效果和具有感染力的画面在最短的时间内吸引用户的眼球，让用户驻足观看。短视频片尾主要用于引导用户关注和点赞，提升短视频的互动性。

短视频创作者在制作片头和片尾时，可以使用剪映的剪辑功能制作个性化的片头和片尾，也可以使用剪映的"剪同款"功能快速生成片头和片尾。下面将介绍如何利用"剪同款"功能快速制作片头和片尾。

1. 制作片头

下面利用"剪同款"功能制作短视频片头，具体操作方法如下。

视频

制作片头

步骤 01 在剪映主界面下方点击"剪同款"按钮 ▣ ，进入"剪同款"界面，如图9-6所示。

步骤 02 在上方搜索框中搜索"片头"，然后选择要使用的片头模板，如图9-7所示。

步骤 03 在打开的界面中预览片头效果，点击"剪同款"按钮 剪同款 ，如图9-8所示。

步骤 04 在弹出的界面中选择视频素材，点击"下一步"按钮 ➡ ，如图9-9所示。

步骤 05 预览片头效果，在"视频编辑"界面中可以对视频素材进行替换、裁剪、调整音量等操作，如图9-10所示。

步骤 06 点击"文本编辑"按钮 🅃 ，然后点击下方的文本按钮修改相关文本，如图9-11所示。编辑完成后，点击"导出"按钮导出视频，也可根据需要对导出的片头进行调整，如更换音乐、调整速度等。

图9-6　"剪同款"界面

图9-7　选择片头模板

图9-8　点击"剪同款"按钮

图9-9　选择视频素材

图9-10　预览片头效果

图9-11　编辑文本

2. 制作片尾

下面使用"剪同款"功能制作片尾，并对制作的片尾进行再次编辑，引导用户关注账号，具体操作方法如下。

步骤 01 在"剪同款"界面中搜索"Vlog片尾"，选择片尾模板，如图9-12所示。

步骤 02 在打开的界面中预览片尾效果，点击"剪同款"按钮，如图9-13所示。

步骤 03 在弹出的界面中选择图片素材，点击"下一步"按钮，如图9-14所示。

视频

制作片尾

图9-12　选择片尾模板　　　图9-13　点击"剪同款"按钮　　　图9-14　选择图片素材

步骤 04 点击"文本编辑"按钮 **T**，然后点击下方的文本按钮修改文本，如图9-15所示。模板修改完成后，点击"导出"按钮导出片尾视频。

步骤 05 将导出的片尾视频导入剪映剪辑界面，将时间指针定位到视频的最后一帧，选中视频，点击"定格"按钮 **▣**，如图9-16所示。

步骤 06 此时，即可在视频的右侧添加定格帧。将时间指针定位到片尾文字动画结束的位置，点击"文字"按钮 **T**，然后点击"新建文本"按钮 **A+**，如图9-17所示。

图9-15　编辑文本　　　　图9-16　点击"定格"按钮　　　图9-17　新建文本

步骤 07 在弹出的界面中输入所需的文字，如图9-18所示。

步骤 08 点击"文字模板"标签，在"好物种草"分类中选择所需的模板样式，然后点击 **✓** 按钮，如图9-19所示。

步骤 09 返回一级工具栏，将时间指针定位到文字的开始位置，点击"音乐"按钮 **♪**，然后点击"音效"按钮 **♫**，如图9-20所示。

图9-18　输入文字

图9-19　选择文字模板

图9-20　点击"音效"按钮

步骤 ⑩ 在弹出的界面中搜索"关注"，选择所需的音效，然后在其右侧点击"使用"按钮，如图9-21所示。

步骤 ⑪ 根据文字动画出现的位置微调音效素材的位置，使其与文字动画相匹配，如图9-22所示。

步骤 ⑫ 将时间指针定位到视频的尾部，对定格帧和文本素材进行修剪，如图9-23所示。片尾编辑完成后，点击"导出"按钮导出片尾视频。

图9-21　选择音效

图9-22　调整音效位置

图9-23　修剪视频尾部

↘ 9.1.3　优化短视频标题

标题对短视频的流量影响很大。短视频的内容再好，如果没有一个好标题，用户很难有兴趣点击观看，而很多时候即使短视频的内容比较平淡，但因为标题非常吸引人，短视频也可能被推上热门。因此，短视频创作者在发布短视频之前要优化标题，方法如下。

● 多用两段式或三段式句式。短视频创作者在拟定短视频标题时，尽量避免使用大长句，而应多用短句，力争用最少的字数讲清楚短视频内容。目前，短视频标题以两段式和三段式居多，这两种标题格式可以承载更多的内容，使表述更加清晰，且易于用户理解。例如，"面试的3个禁忌，千万不要犯！""3种十分奇特的美食，看上去十分诱人，你见过几种？"

● 添加热门关键词信息。在拟定短视频标题时，短视频创作者可以在标题中添加一些高流量的关键词。短视频创作者可以使用头条的热词分析工具或者微博的热词广场来查看当前的热门关键词，从而对短视频的播放量有一个合理的预估。

● 引发讨论。短视频创作者可以在短视频标题中抛出很有讨论价值的观点，或者提出具有讨论价值的话题，从而引发用户的讨论，吸引用户的注意力。例如，"上海和深圳，未来你更看好哪一个？"

● 增强代入感。在标题中使用第二人称"你"是一个十分常用的增强代入感的方法，这样可以拉近与用户之间的距离，同时给用户一种量身定制的感觉，从而使用户更愿意点击观看短视频。

● 添加利益点。在短视频标题中添加利益点，可以使用户迅速了解短视频的价值，对于获益的期待会促使用户点击观看短视频。例如，"干货！10个标题模板帮你打造爆款短视频。"

● 激发用户的好奇心。短视频创作者在拟定短视频标题时，通过激发用户的好奇心，可以促使其对短视频产生浓厚的兴趣，进而产生点击观看的欲望。激发用户好奇心的方法有3种：一是使用简单疑问句；二是在标题中设置强烈的矛盾冲突；三是制造悬念，引发联想。

● 不做"标题党"。如果短视频的内容与标题没有关联，即使短视频依靠标题获取了不少流量，用户也难以转化为粉丝，推广效果并不好，甚至会起到反作用，引起用户的反感。

↘ 9.1.4 添加话题标签

话题标签是短视频创作者用于概括短视频主要内容的关键词。对于短视频创作者来说，话题标签越精准，短视频就越容易获得平台推荐，能够快速触达目标用户，达到涨粉和上热门的目的；对于用户来说，话题标签是他们搜索短视频的通道，很多话题标签会在短视频下方展示，用户可以点击话题标签搜索相关信息。

不过，话题标签并不能随意添加，短视频创作者在添加话题标签时应注意以下几点：一是话题标签的字数和个数要合理，一般设置3～5个话题标签，每个话题标签为2～4个字；二是话题标签要精准，覆盖范围要合理，尽管话题标签代表着把短视频内容分发给不同的群体，但短视频创作者不能任意增加话题标签，而要挖掘出短视频内容的核心要点，提炼出最有价值、最具有代表性的特性，强化话题标签的认知度。例如，服饰类短视频可以添加"服饰""穿搭""时尚街拍"等话题标签，护肤、彩妆类短视频可以添加"彩妆""护肤"等话题标签。

为了获得更多的流量，短视频创作者可以在短视频平台的搜索页面中查看当天的热门话题标签，寻找合理的热点，在发布短视频时根据实际情况添加这些热门话题标签；还可以积极参与短视频平台小助手发起的话题，以获得额外的推广和流量。

9.1.5　优化短视频发布时间

有些短视频创作者可能会感到疑惑：为什么内容差不多，自己起的标题也挺好，但其他人的短视频播放量很高，还能上热门，而自己的短视频播放量却非常少？这很有可能是没有选择合理的发布时间导致的。

短视频创作者要明确用户的活跃时间，并在用户活跃度较高的时间段内发布短视频，才有可能达成事半功倍的效果。以抖音为例，用户观看短视频的时间主要集中在工作日的早上7点到9点、中午12点到下午1点、下午4点到下午6点、晚上9点到晚上11点，以及周六和周日。也就是说，在抖音上发布短视频，选择这几个时间段比较容易上热门。

除此之外，短视频创作者在选择短视频发布时间时还需注意以下几个关键点：观察同类型账号的发布时间，在他们的爆款内容更集中的时间段，同类型标签用户的反馈往往更高；结合自身产品、服务、标签的主流用户使用场景来决定发布短视频的时间。例如，健身类短视频尽量避开工作时间发布，美食类短视频在吃饭（做饭）之前、晚上10点之后，以及普通人上、下班路上的时间段发布；在热点事件发生的第一时间发布，借助热点事件为自己的短视频赢得更多的流量。

9.2　将短视频发布到抖音

完成拍摄、剪辑并对短视频各要素进行优化之后，即将进入发布阶段。要想在抖音上发布短视频并获得平台推荐，短视频创作者有必要了解抖音的审核机制、推荐算法，并提高账号权重，在遵守抖音平台规则的前提下获得不断发展。

9.2.1　抖音审核机制

由于每天有数量庞大的新作品上传，所以抖音采用"机器+人工"的审核机制。

1. 机器审核

机器审核是通过提前设置好的人工智能模型来识别短视频画面和关键词，主要包括以下几点。

（1）消重审核

消重审核是指检测短视频是否为原创视频，通过抽取短视频中的关键帧和声音，去比对抖音系统库里有没有类似的关键帧和声音，如果判断有重复，直接审核不通过或者不推荐；如果通过审核，则进入内容审核阶段。

（2）内容审核

这一阶段主要审核短视频是否存在违规，审核要点包括标题、封面图和视频关键帧。如果出现以下情况，则不能通过审核：标题中有敏感信息、低俗不雅信息；标题中出现电话号码、微信号、QQ号、微信公众号等个人联系方式或推广信息；视频内容低俗；视频画面中出现二维码和微信号等推广信息；内容为不符合规则的类目，存在恶意推广行为。

2. 人工审核

如果遇到以下3种情况，短视频会触发抖音的人工审核机制：一是机器审核未通过，机器判定违规的短视频会被推到人工审核，抖音的审核人员会逐个审核，如果确定违规，将根据平台规则对违规账号进行删除短视频、降权通告、封禁账号等处理；二是作品被举报，也会触发人工审核；三是短视频即将上热门，一般播放量超过10万，短视频会被推到人工审核，由审核人员判断是否有价值推荐上热门，但会由1人审核变成3人审核。

在抖音上发布短视频前，短视频创作者应了解抖音制定的规则，知道什么是平台所倡导的，什么是平台所禁止的。打开抖音App，在"我"界面右上方点击"菜单"按钮 ☰，在弹出的菜单中点击"设置"选项，如图9-24所示。进入"设置"界面，点击"抖音规则中心"选项，如图9-25所示。进入"抖音规则中心"界面，从中可以查看平台规则，以及对规则的具体解读等，如图9-26所示。

图9-24 点击"设置"选项

图9-25 点击"抖音规则中心"选项

图9-26 查看平台规则

9.2.2 抖音推荐算法

为了减少劣质内容的推送，使优质内容被更多人看到，抖音的推荐算法系统会分批次推荐短视频，具体分为初始推荐和叠加推荐。

初始推荐是指系统将短视频首先推荐给第一批可能对其感兴趣的用户。这些用户分为两类，一类是账号粉丝，另一类是根据算法预测的可能对短视频感兴趣的用户。抖音不会把短视频分发给这个账号的所有粉丝，只有大约10%的粉丝能收到这条短视频的推送。

抖音会根据算法为每一个通过审核的短视频分配一个初始流量池。系统会审核初始推荐的反馈信息，看短视频的互动数据指标，包括点赞率、评论率、转发率、完播率、转粉率、平均播放时长等。如果相关指标达到标准，短视频就会自动进入二次推荐，被推送到一个更大的流量池，即实现叠加推荐。如果再达到标准，短视频就会进入更大的第三流量池、第四流量池……以此类推。

这个过程会一直持续到短视频的点赞率、评论率、完播率等指标不符合进入下一流量池的标准为止。那些百万级、千万级播放量的短视频是经过了多个流量池才达成爆款效果的，一般来说，流量池推荐的周期为24小时～7天。

初始推荐的短视频数据反馈标准如下：点赞率、评论率、转粉率达到3%为合格，达到5%为优秀；转发率达到0.15%为合格，达到0.5%为优秀；完播率达到30%为合格，达到50%为优秀。转发率对于还在初级流量池流传的短视频影响并不大，但要想突破流量层级，转发率就成为关键的指标。

有些短视频创作者为了提高短视频的反馈数据水平，以达成高推荐效果，采用刷流量、刷评论等方式，这是不可行的，因为抖音大数据可以识别出异常用户的标签和短视频内容标签不一致，这些行为很容易导致短视频创作者被平台禁言甚至封禁账号。

9.2.3 如何提高账号权重

初始流量池的流量大小与抖音账号权重有密切的联系。除了完播率、点赞率、评论率、转发率外，权重也会影响内容的传播。账号权重就是其在抖音上的影响力和贡献度。同质量的短视频，权重高的短视频账号发布的短视频更容易被推荐，上热门的概率也就越大。如果账号权重较低，发布的短视频获得的初始流量就比较小，这种账号发布的短视频很难被用户看到。

要想提高账号权重，短视频创作者可以参考以下方法。

1. 新账号要学会"养号"

新账号的权重很低，短视频创作者这时先不要发布短视频，而是模仿正常活跃用户的行为，即刷抖音、评论、点赞、填写完整的个人资料等，"养号"周期一般为7天，在7天之内不要发布短视频，坚持每天浏览短视频1～2个小时，并将浏览时间分布在不同时段。例如，上午浏览半个小时，下午浏览半个小时，晚上再浏览一个小时，同时多进行点赞、评论等操作。

另外，短视频创作者要浏览同行业的短视频，不是同行业的短视频就直接刷过，直到系统推荐的短视频大部分是垂直领域视频，这样就说明账号被系统打上标签了。如果用该账号发布几个短视频之后，播放量普遍为200～1000，说明"养号"成功。

2. 内容的垂直性要强

在创建账号前，短视频创作者要明确自己的创作领域，一旦选择了领域，就不要轻易更改，只有这样吸引到的用户群体才能更精准，账号权重也会相应地提高。

3. 尽量避免扣分

在运营账号之前，短视频创作者要了解清楚抖音的规则，在日常运营过程中尽量避免被系统扣分，否则会影响账号权重。

4. 稳定更新优质内容

短视频创作者要严格要求自己，发布优质内容，在创作短视频时精益求精，站在用户的角度来思考，真正为用户提供价值。短视频内容越优质，就越有可能获得流量倾斜，账号权重也就越高。另外，短视频创作者要稳定、持续地更新内容，切忌"三天打鱼，两天晒网"，更新频率也会对账号权重有所影响。

9.2.4 发布抖音短视频

下面将介绍如何发布抖音短视频，具体操作方法如下。

步骤 01 打开抖音App，在界面下方点击■按钮，如图9-27所示。

步骤 02 进入拍摄界面，点击下方的"相册"按钮，如图9-28所示。

步骤 03 选择编辑完成的短视频和片尾，点击"下一步"按钮，如图9-29所示。

视频

发布抖音短视频

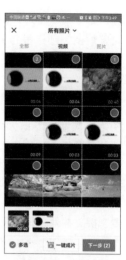

图9-27　点击■按钮　　　图9-28　点击"相册"按钮　　　图9-29　选择视频

步骤 **04** 此时抖音会自动为上传的短视频匹配音乐，这里不需要音乐，所以点击音乐右侧的✕按钮删除音乐，如图9-30所示。

步骤 **05** 在右侧点击"文字"按钮☒，输入文字并选择字体，在上方点击相应的按钮设置文字样式，然后点击右上方的"完成"按钮，如图9-31所示。

步骤 **06** 点击"贴纸"按钮囗，在弹出的界面中选择贴纸样式，此处选择一款日期贴纸，如图9-32所示。

图9-30　删除音乐　　　图9-31　添加文字　　　图9-32　选择贴纸

步骤 **07** 将文字和贴纸移至合适的位置，点击"下一步"按钮，如图9-33所示。

步骤 **08** 进入发布界面，在封面缩览图中可以看到抖音默认视频封面为封面，但此时的视频是竖屏模式的，无法进行横屏全屏播放。点击左上方的"返回编辑"按钮，如图9-34所示。

步骤09 返回编辑界面，要使视频能够横屏全屏播放，需要将贴纸或文字完全置于视频画面内。此处删除贴纸，将添加的文字移至画面中央。点击文字，在弹出的菜单中点击"设置时长"选项，如图9-35所示。

图9-33　调整文字和贴纸位置　　图9-34　发布界面　　图9-35　点击"设置时长"

步骤10 拖动结束滑块，调整文字的持续时间，点击▶按钮预览效果，然后点击✔按钮，如图9-36所示。

步骤11 点击"下一步"按钮，进入"发布"界面，点击"选封面"按钮，如图9-37所示。

步骤12 在打开的界面中可以看到此时视频已变为横版视频，在下方拖动选框选择封面图片，点击"样式"标签，选择所需的样式并输入文字，然后点击右上方的"保存"按钮，如图9-38所示。

图9-36　设置文字持续时间　　图9-37　点击"选封面"按钮　　图9-38　设置视频封面

步骤13 输入视频标题，点击"#添加话题"按钮，添加所需的话题（可以直接添加抖音推荐的话题），然后选择发布位置，如图9-39所示。

步骤⑭ 点击"权限设置"选项，在弹出的界面中设置发布权限，如图9-40所示。

步骤⑮ 点击"高级设置"选项，在弹出的界面中开启"高清发布"功能，如图9-41所示。设置完成后，点击"发布"按钮发布视频。

图9-39 设置标题和位置

图9-40 设置发布权限

图9-41 设置高清发布

步骤⑯ 视频上传完成后，点击"我"按钮，然后点击"作品"标签，即可查看发布的作品，如图9-42所示。

步骤⑰ 点击视频封面，即可预览视频，如图9-43所示。点击"全屏观看"按钮，可以横屏观看视频。点击右下方的"权限设置"按钮，可以重新设置视频权限。

步骤⑱ 点击 ••• 按钮，在弹出的界面中可以分享视频，或者对视频进行管理，如修改标题、删除、置顶等，如图9-44所示。

图9-42 查看作品

图9-43 预览视频

图9-44 管理视频

课后练习

1. 简述优化短视频标题的方法。

2. 简述提高账号权重的方法。

3. 打开"素材文件\第9章\课后练习\"文件，使用提供的视频素材制作一个小清新Vlog片头。

关键操作：添加透明背景素材，添加"嘿 笑一个"背景音乐并修剪音乐，添加3个画中画视频素材并进行排版，修剪视频素材的开始位置，为视频素材添加入场动画，添加贴纸和文本并设置文本循环动画。

第 **10** 章
手机短视频剪辑实训案例

【学习目标】

➢ 掌握剪辑音乐情绪短视频的流程与方法。
➢ 掌握剪辑美食探店短视频的流程与方法。
➢ 掌握剪辑好物推荐短视频的流程与方法。

【技能目标】

➢ 能够整理素材文件，并根据需要进行粗剪。
➢ 能够对视频素材进行精剪，设置转场效果。
➢ 能够为短视频添加音频和字幕。
➢ 能够对短视频进行调色，添加滤镜。

【素养目标】

➢ 在短视频中弘扬社会主义核心价值观，做文明使者，传播正能量。
➢ 在短视频创作中提高版权意识，充分尊重创作者、尊重版权。

　　视频剪辑的本质是对拍摄的视频素材进行剪辑，并添加音乐、文字、特效等，形成情节与节奏，最终形成内容连贯、主题鲜明且具有艺术感染力的作品。因此，要想创作出令人惊艳的短视频作品，后期剪辑绝对不容忽视。本章将通过3个综合案例帮助读者进一步巩固手机短视频剪辑的流程与方法。

10.1　剪辑音乐情绪短视频

　　剪辑音乐情绪短视频是在视频拼接的基础上添加情感音乐、情绪文字及电影感滤镜等来营造出一种浓厚的情感感染力。本案例剪辑一条音乐情绪短视频，通过剪辑视频素材配合音乐旋律和歌词，突出勇敢实现梦想的主题。

↘ 10.1.1　剪辑视频素材

　　下面将视频素材依次导入剪映并添加背景音乐，然后对视频素材进行组接和调整，具体操作方法如下。

视频

剪辑视频素材

步骤 01　打开剪映App，点击"开始创作"按钮 ，如图10-1所示。

步骤 02　在弹出的界面中选中第一段视频素材，点击"添加"按钮，如图10-2所示。

步骤 03　对视频素材进行修剪，使其只保留地铁进站前后的画面，如图10-3所示。

图10-1　点击"开始创作"按钮　　图10-2　添加视频素材　　图10-3　修剪视频素材

步骤 04　点击"音乐"按钮 ，在弹出的界面中搜索"看得最远的地方"，找到需要的音乐后点击"使用"按钮，如图10-4所示。

步骤 05　选中背景音乐，在工具栏中点击"踩点"按钮 ，如图10-5所示。

步骤 06　在弹出的界面中打开"自动踩点"开关按钮 ，点击"踩节拍II"按钮，然后点击 按钮，如图10-6所示。

步骤 07　修剪视频素材的结束位置到第四个节拍点位置，如图10-7所示。

步骤 08　点击"添加素材"按钮 ，依次添加其他视频素材，并根据节拍点修剪素材。选中视频素材，点击"变速"按钮 ，然后点击"常规变速"按钮 ，如图10-8所示。

步骤 09　在弹出的界面中拖动滑块调整速度为1.4x，点击 按钮，如图10-9所示。

图10-4　添加音乐

图10-5　点击"踩点"按钮

图10-6　点击"踩节拍Ⅱ"按钮

图10-7　修剪视频素材

图10-8　点击"常规变速"按钮

图10-9　调整速度

步骤 **10** 添加视频素材，并根据音乐节奏和歌词内容调整视频素材的时长，如图10-10所示。

步骤 **11** 在鸟儿起飞的镜头下方添加"鸟类拍打翅膀声"音效（该音效可以在音效库中搜到），如图10-11所示。

步骤 **12** 第二个视频素材为"地铁车窗外的天空"，在调整视频素材时需要对该视频素材进行分割，并对后半段视频素材进行放大，放大天空画面至全屏，如图10-12所示。

图10-10 添加视频素材

图10-11 添加音效

图10-12 放大画面

10.1.2 设置视频转场效果

下面为视频素材添加转场效果，使用"画中画""关键帧""不透明度"功能在镜头之间制作逐渐显示的转场效果，具体操作方法如下。

步骤 01 定位时间指针的位置，点击"画中画"按钮，然后点击"新增画中画"按钮，如图10-13所示。

步骤 02 在弹出的界面中添加"手持烟花"视频素材，调整画中画视频素材大小至全屏，点击"混合模式"按钮，如图10-14所示。

步骤 03 选择"滤色"模式，调整不透明度为80，然后点击✔按钮，效果如图10-15所示。

视频

设置视频转场效果

图10-13 新增画中画

图10-14 点击"混合模式"按钮

图10-15 选择"滤色"模式

步骤 04 选中画中画视频素材，点击"变速"按钮，然后点击"常规变速"按钮，在弹出的界面中向左拖动滑块，调整速度为0.7x，点击✔按钮，延长视频时长，如图10-16所示。

步骤05 在画中画视频素材的开始、中间和结尾位置分别添加关键帧，将时间指针置于开始的关键帧位置，点击"不透明度"按钮◐，如图10-17所示。

步骤06 在弹出的界面中向左拖动滑块，调整不透明度为0，点击✓按钮，如图10-18所示。采用同样的方法，设置结尾位置关键帧的不透明度为0。

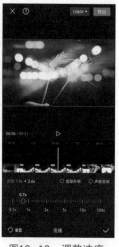  

　图10-16　调整速度　　　图10-17　点击"不透明度"按钮　图10-18　调整不透明度

步骤07 将时间指针定位到要添加过渡画面的位置，点击"画中画"按钮▣，然后点击"新增画中画"按钮⊞，如图10-19所示。

步骤08 在弹出的界面中添加"街上来往的行人"视频素材，并为素材添加4个关键帧。将时间指针定位到第一个关键帧位置，点击"不透明度"按钮◐，如图10-20所示。

步骤09 向左拖动滑块，调整不透明度为0，点击✓按钮，如图10-21所示。

　图10-19　新增画中画　　　图10-20　点击"不透明度"按钮　图10-21　调整不透明度

步骤10 将时间指针定位到第二个关键帧位置，采用同样的方法调整不透明度为50，然后点击✓按钮，如图10-22所示。分别将第三个和第四个关键帧的不透明度调整为80和100，完成街上川流不息的车流画面到来往行人画面之间的过渡。

步骤 **11** 在倒数第二个视频素材中点击"转场"按钮 I，如图10-23所示。

步骤 **12** 在弹出的界面中选择"叠化"转场，点击 ✓ 按钮，如图10-24所示。

图10-22 调整不透明度   图10-23 点击"转场"按钮   图10-24 选择"叠化"转场

↘ 10.1.3 添加滤镜

下面为短视频添加风格化滤镜，使各镜头的色调保持统一，具体操作方法如下。

步骤 **01** 将时间指针定位到合适的位置，在一级工具栏中点击"滤镜"按钮 ⌚，如图10-25所示。

步骤 **02** 在弹出的界面中点击"风格化"分类，选择"彩光"滤镜，拖动滑块调整强度为80，然后点击 ✓ 按钮，效果如图10-26所示。

步骤 **03** 采用同样的方法继续新增滤镜，选择"风格化"分类中的"私语"滤镜，调整强度为60，点击 ✓ 按钮，效果如图10-27所示。调整"滤镜"的长度，使其覆盖整个短视频。

视频

添加滤镜

图10-25 点击"滤镜"按钮   图10-26 添加"彩光"滤镜   图10-27 添加"私语"滤镜

179

↘ 10.1.4　添加字幕

下面为短视频添加歌词字幕，并设置字幕格式，具体操作方法如下。

视频

添加字幕

步骤01 点击"文字"按钮**T**，然后点击"识别歌词"按钮**🎵**，如图10-28所示。

步骤02 点击"开始识别"按钮，开始自动识别背景音乐歌词，识别完成后点击**✓**按钮，如图10-29所示。

步骤03 选中第一句歌词，将时间指针置于要分割的位置，点击"分割"按钮**Ⅱ**，如图10-30所示。

图10-28　识别歌词　　　图10-29　点击"开始识别"按钮　　图10-30　点击"分割"按钮

步骤04 选中分割后的左侧的歌词，点击"编辑"按钮**Aa**，在弹出的界面中编辑歌词文本，只保留本句的前三个字，然后点击**✓**按钮，如图10-31所示。

步骤05 采用同样的方法编辑分割后的右侧的歌词，删除本句的前三个字，如图10-32所示，然后根据需要编辑其他歌词。

步骤06 调整第二句歌词的时长，使其与下一句歌词组接，然后在预览区域将歌词移至画面中央，如图10-33所示。

步骤07 点击"编辑"按钮**Aa**，在弹

图10-31　编辑前半句　　　图10-32　编辑后半句
　　　　　歌词　　　　　　　　　　　歌词

出的界面中点击"字体"按钮，选择所需的字体格式，如图10-34所示。

步骤 08 点击"样式"按钮，点击"阴影"标签，设置阴影颜色，如图10-35所示。

图10-33　调整歌词位置　　　　图10-34　选择字体格式　　　　图10-35　设置阴影颜色

步骤 09 点击"排列"标签，调整字间距，然后点击 ☑ 按钮，如图10-36所示。

步骤 10 选中第一句歌词，打开"编辑"界面，点击"动画"按钮，然后点击"入场动画"标签，选择"弹入"动画，将动画时长设置为最大限度，点击 ☑ 按钮，如图10-37所示。

图10-36　调整字间距　　　　图10-37　添加入场动画

步骤 11 采用同样的方法为第二句歌词添加入场动画，在此选择"螺旋上升"动画，并调整时长为1秒，如图10-38所示。

步骤 **12** 点击"出场动画"标签，选择"向上溶解"动画，并调整时长为1秒，点击 ✔ 按钮，如图10-39所示。为后面的每句歌词添加不同的入场动画和出场动画。

图10-38　添加入场动画　　　　图10-39　添加出场动画

10.2 剪辑美食探店短视频

本案例剪辑一条美食探店短视频，重点展示店铺招牌、用餐环境及菜品等。大多数镜头为运动镜头，在剪辑时需要进行音乐卡点、视频变速调整及根据运镜设计转场等操作。

↘ 10.2.1 整理素材文件

下面对本案例用到的素材进行整理，将所有用到的素材都移至一个文件夹中，然后对背景音乐素材进行剪辑与调整，具体操作方法如下。

视频

整理素材文件

步骤 **01** 在手机上点击"文件管理"应用，如图10-40所示。

步骤 **02** 进入"浏览"界面，点击"我的手机"按钮 ⬜ ，如图10-41所示。

步骤 **03** 点击"新建文件夹"按钮 ⊞ ，在弹出的界面中输入文件夹名称，然后点击"确定"按钮，如图10-42所示。

步骤 **04** 返回"浏览"界面，点击"视频"按钮 ▶ ，在打开的界面中选中本案例要使用的视频和音乐素材，然后点击"移动"按钮 ⬚ ，如图10-43所示。

步骤 **05** 在弹出的界面中选择目标文件夹，点击 ✔ 按钮，如图10-44所示。

步骤 **06** 此时，即可将素材文件移至"美食探店"文件夹中，如图10-45所示。

步骤 **07** 打开剪映App，点击"开始创作"按钮 ⊞ 开始创作 ，在弹出的界面上方选择"美食探店"文件夹，选择音乐素材，然后点击"添加"按钮，如图10-46所示。

步骤 08 选中音乐素材，点击"音频分离"按钮，如图10-47所示。

步骤 09 在第37秒位置分割音乐素材，然后选中右侧的音乐素材，点击"删除"按钮，如图10-48所示。

图10-40　点击"文件管理"

图10-41　点击"我的手机"按钮

图10-42　新建文件夹

图10-43　点击"移动"按钮

图10-44　选择目标文件夹

图10-45　移动素材文件

步骤 10 分别在6秒22帧和19秒22帧位置分割音乐素材，然后选中中间的音乐素材，点击"删除"按钮，如图10-49所示。

步骤 11 将右侧的音乐素材向左拖动，与第一段音乐素材进行组接。选中第一段音乐素材，点击"音量"按钮，如图10-50所示。

步骤 12 在弹出的界面中向右拖动滑块，调大音量为1000，点击按钮，如图10-51所示。

图10-46　选择音乐素材

图10-47　点击"音频分离"
按钮

图10-48　分割并删除音乐素材

图10-49　分割并删除素材

图10-50　点击"音量"按钮

图10-51　调大音量

步骤 **13** 选中第二段音乐素材，点击"淡化"按钮▮▮，在弹出的界面中调整"淡入时长"为3秒，然后点击✓按钮，如图10-52所示。

步骤 **14** 选中第一段音乐素材，点击"淡化"按钮▮▮，在弹出的界面中调整"淡出时长"为0.5秒，然后点击✓按钮，如图10-53所示。

步骤 **15** 点击"播放"按钮▷，预览调整后的音乐效果。点击"导出"按钮，导出音乐素材，如图10-54所示。按照前面的方法，将导出的音乐素材移至"美食探店"文件夹。

图10-52　调整淡入时长

图10-53　调整淡出时长

图10-54　导出音乐素材

10.2.2　剪辑店招和店名素材

下面对展示店铺招牌的视频素材进行剪辑，其中包括4个视频素材，它们分别从店外和店内展示店铺的店招和店名，具体操作方法如下。

视频

剪辑店招和店名素材

步骤 01 点击"开始创作"按钮 ➕ 开始创作，在弹出的界面中选择"美食探店"文件夹，选中第一个视频素材，点击"添加"按钮 添加，如图10-55所示。

步骤 02 将时间指针定位到最左侧，点击"音频"按钮 🎵，然后点击"提取音乐"按钮 📷，如图10-56所示。

步骤 03 选中前面剪辑完成的音乐文件，点击"仅导入视频的声音"按钮仅导入视频的声音，如图10-57所示。

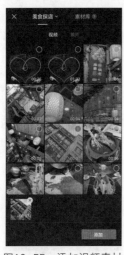

图10-55　添加视频素材

图10-56　点击"提取音乐"
按钮

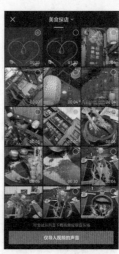

图10-57　仅导入视频的
声音

步骤 04 将时间指针定位到第一个音乐节拍点位置，选中音乐，点击"踩点"按钮▣，如图10-58所示。

步骤 05 在弹出的界面中点击"添加点"按钮，添加一个节拍点，如图10-59所示。

步骤 06 采用同样的方法，在后面3个视频素材的出现位置添加节拍点，然后点击✓按钮，如图10-60所示。

 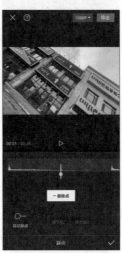 

图10-58　点击"踩点"按钮　　　　图10-59　添加节拍点　　　　图10-60　继续添加节拍点

步骤 07 选中视频素材，在预览区域对视频画面进行重新构图，在此放大画面并将店招置于画面中间位置，如图10-61所示。

步骤 08 点击"变速"按钮◔，然后点击"常规变速"按钮◪，在弹出的界面中向左拖动滑块，调整速度为0.8x，然后点击✓按钮，如图10-62所示。

步骤 09 拖动结束滑块到第一个音乐节拍点位置，如图10-63所示。

图10-61　调整画面构图　　　　图10-62　调整速度　　　　图10-63　修剪视频结束位置

步骤 10 在轨道右侧点击"添加素材"按钮 +，添加第二个视频素材。采用同样的方法，对视频素材进行修剪和调速。选中视频素材，在音乐节奏位置添加两个关键帧，将时间指针定位到第二个关键帧上，放大画面，制作突然放大动画，如图10-64所示。

步骤 11 添加第三个视频素材并进行修剪，在音乐节奏位置添加两个关键帧。将时间指针定位到第一个关键帧上，缩小画面，制作突然缩小动画，如图10-65所示。

步骤 12 添加第四个视频素材并进行修剪，调整速度为0.7x。选中视频素材，点击"倒放"按钮 ⟲，如图10-66所示。

图10-64 制作放大动画

图10-65 制作缩小动画

图10-66 点击"倒放"按钮

步骤 13 在音乐节奏位置添加两个关键帧，将时间指针定位到第二个关键帧上，放大画面，制作突然放大动画，如图10-67所示。

步骤 14 点击视频素材之间的"转场"按钮 ⑴，在弹出的界面中点选择"基础转场"分类中的"闪黑"转场，拖动滑块调整时长为0.5秒，然后点击"全局应用"按钮 ⟲，如图10-68所示。

步骤 15 选中第一个视频素材，点击"动画"按钮 ⬛，然后点击"入场动画"按钮 ➡，如图10-69所示。

步骤 16 在弹出的界面中选择"渐显"动画，拖动滑块调整时长为1.0秒，点击 ✓ 按钮，如图10-70所示。

步骤 17 选中第四个视频素材，点击"动画"按钮 ⬛，然后点击"出场动画"按钮 ⬅，在弹出的界面中选择"放大"动画，调整时长为1.0秒，点击 ✓ 按钮，如图10-71所示。

步骤 18 在第一个、第二个视频素材的转场位置添加音效素材"呼（2）"（可以在音效库中搜索该音效），如图10-72所示。

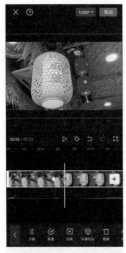

图10-67 制作放大动画

图10-68 添加转场效果

图10-69 点击"入场动画"按钮

图10-70 添加入场动画

图10-71 添加出场动画

图10-72 添加音效

↘ 10.2.3 剪辑店内环境素材

下面对展示店内用餐环境的视频素材进行剪辑，其中包括4个视频素材，剪辑时需要设置曲线变速，并根据运镜方向添加相应的转场效果，具体操作方法如下。

视频

剪辑店内环境素材

步骤 01 选中音乐素材，点击"踩点"按钮▣，在弹出的界面中根据音乐节奏添加节拍点，如图10-73所示。

步骤 02 在轨道上导入第一个视频素材，修剪视频素材，裁掉没用的片段。该视频素材展示的是餐桌布置，先采用推镜头靠近餐桌，然后围绕餐桌半环绕运镜，最后以拉镜头远离餐桌。点击"变速"按钮◎，然后点击"曲线变速"按钮〜，如图10-74所示。

步骤 03 在弹出的界面中选择"自定"选项，点击"点击编辑"按钮✎，如图10-75所示。

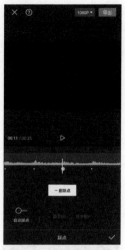

图10-73　添加节拍点　　　图10-74　点击"曲线变速"　　图10-75　点击"点击编辑"
　　　　　　　　　　　　　　　　　 按钮　　　　　　　　　　　　按钮

步骤 **04** 调整曲线变速，使视频素材在入场和出场时加快速度，点击 ✓ 按钮，如图10-76
所示。

步骤 **05** 拖动结束滑块对齐音乐节拍点，如图10-77所示。

步骤 **06** 在轨道上添加第二个视频素材，对视频素材进行常规变速，设置速度为1.4x，
然后修剪视频素材并使其对齐音乐节拍点，如图10-78所示。

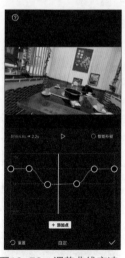

图10-76　调整曲线变速　　　图10-77　修剪结束位置　　图10-78　添加并调整视频素材

步骤 **07** 前一个视频素材为快速后拉镜头，在此为其添加转场效果。点击"转场"按
钮 ⊓ ，然后选择"运镜转场"分类中的"拉远"转场，点击 ✓ 按钮，如图10-79所示。

步骤 **08** 选中第二个视频素材，点击"动画"按钮 ▶ ，然后点击"入场动画"按钮 ➡ ，
选择"动感缩小"动画，调整时长为0.7秒，点击 ✓ 按钮，如图10-80所示。

步骤 **09** 在轨道上添加第三个视频素材，对视频素材进行常规变速，设置速度为2.0x，

然后修剪视频素材并使其对齐音乐节拍点。点击"动画"按钮 🔳，然后点击"入场动画"按钮 📲，如图10-81所示。

图10-79　添加"拉远"转场　　图10-80　添加入场动画　　图10-81　点击"入场动画"按钮

步骤 ⑩ 选择"动感放大"动画，调整时长为0.6秒，点击 ✅ 按钮，如图10-82所示。下面利用"组合动画"为前一个视频素材的出场制作"动感放大"效果，使两个视频素材的转场更顺畅。

步骤 ⑪ 选中前一个视频素材，点击"复制"按钮 🔳，如图10-83所示。

步骤 ⑫ 选中复制后的左侧的视频素材，点击"切画中画"按钮 🔀，如图10-84所示。

图10-82　添加入场动画　　图10-83　点击"复制"按钮　图10-84　点击"切画中画"按钮

步骤 ⑬ 选中画中画视频素材，点击"动画"按钮 🔳，然后点击"组合动画"按钮 🔳，如图10-85所示。

步骤 ⑭ 在弹出的界面中选择"滑入波动"动画，拖动滑块至最右侧，可以看到视频结束时的"动感放大"效果，如图10-86所示。

步骤15 在视频素材结尾动感放大的开始位置和结束位置分别添加关键帧，将时间指针定位到左侧关键帧位置，点击"不透明度"按钮，如图10-87所示。

图10-85 点击"组合动画" 图10-86 选择"滑入波动" 图10-87 点击"不透明度"
　　　　　按钮 　　　　　　　动画 　　　　　　　按钮

步骤16 在弹出的界面中向左拖动滑块调整不透明度为0，点击✓按钮，如图10-88所示。这样即可隐藏视频素材在入场时的动画，只保留出场时的"动感放大"动画。

步骤17 在轨道上添加第四个视频素材，该视频素材采用推镜头运镜方式展示餐厅的整体环境。对视频素材进行修剪，裁掉开始和结束位置无用的部分。点击"变速"按钮，然后点击"曲线变速"按钮，如图10-89所示。

步骤18 调整曲线变速，使视频素材在入场和出场时加快速度，点击✓按钮，如图10-90所示。采用前面介绍的方法，为该视频素材添加"动感放大"进入动画，为其左侧的视频素材制作"动感放大"出场效果。

  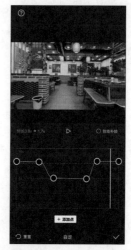

图10-88 调整不透明度 图10-89 点击"曲线变速"按钮 图10-90 调整曲线变速

10.2.4 剪辑美食素材

下面对展示美食的视频素材进行剪辑，其中包括14个视频素材，剪辑时设置音乐节拍点，具体操作方法如下。

视频

剪辑美食素材

步骤01 在轨道上导入第一个视频素材，该视频素材采用推镜头运镜方式展示打开汽水瓶盖的过程。对视频素材进行修剪，点击"变速"按钮，然后点击"常规变速"按钮，在弹出的界面中调整速度为1.9x，点击✓按钮，如图10-91所示。

步骤02 点击该视频素材开始位置的"转场"按钮，选择"运镜转场"分类中的"推近"转场，然后点击✓按钮，如图10-92所示。

步骤03 在轨道上导入第二个视频素材，该视频素材展示向玻璃杯中倒入汽水的过程。对视频素材进行修剪，并使其对齐音乐节拍点，如图10-93所示。

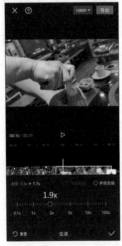
图10-91 调整速度

图10-92 添加转场效果

图10-93 导入并修剪视频素材

步骤04 将时间指针定位到第一个视频素材开始位置，在音频工具栏中点击"音效"按钮，搜索"开汽水"，选择合适的音效并点击"使用"按钮，如图10-94所示。

步骤05 对音效素材进行修剪，然后为第二个视频素材添加"倒入汽水"音效，并对两个音效素材设置淡化效果，如图10-95所示。

步骤06 在轨道上添加剩余的12个视频素材，镜头分别展示在火锅中加入各种菜品和煮火锅的场景。在剪辑这些视频素材时，利用音乐节拍点动感、快速地展示各个镜头。选中音乐素材，点击"踩点"按钮，如图10-96所示。

步骤07 在弹出的界面中添加节拍点，点击✓按钮，如图10-97所示。这里的节拍点较为密集，添加时需要放大时间线，多听几次，然后根据音乐波形添加。

步骤08 在轨道上添加展示菜品的第一个视频素材，对视频素材进行常规变速，设置速度为1.3x，然后修剪视频素材，使其对齐音乐节拍点，如图10-98所示。

步骤09 点击"动画"按钮，然后点击"入场动画"按钮，选择"动感放大"动画，拖动滑块将时长设置为最大限度，点击✓按钮，如图10-99所示。

图10-94　选择音效

图10-95　添加并调整音效

图10-96　点击"踩点"按钮

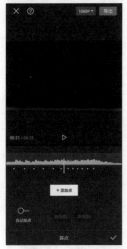

图10-97　添加节拍

图10-98　添加并修剪视频素材

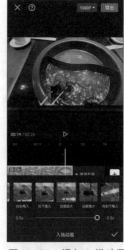

图10-99　添加入场动画

步骤 ⑩ 选中第一个视频素材，点击"复制"按钮□进行复制，此处将视频素材复制10次，然后修剪各视频素材的长度，使其与节拍点对齐。选中第二个菜品素材，点击"替换"按钮□，如图10-100所示。

步骤 ⑪ 在弹出的界面中选择要替换的视频素材，如图10-101所示。

步骤 ⑫ 在弹出的界面中拖动时间指针选择视频片段，点击"确认"按钮，如图10-102所示。

步骤 ⑬ 采用同样的方法替换其他视频素材，如图10-103所示。

步骤 ⑭ 在轨道上导入最后一个视频素材，该镜头展示煮好的菜品。对视频素材进行修剪，点击"动画"按钮□，然后点击"入场动画"按钮□，选择"动感放大"动画，调整时长为0.5秒，点击☑按钮，如图10-104所示。

步骤15 在视频素材的结尾添加两个关键帧，将时间指针定位到第二个关键帧上，点击"不透明度"按钮⧩，如图10-105所示。

图10-100　点击"替换"按钮

图10-101　选择替换素材

图10-102　选择视频片段

图10-103　替换其他素材

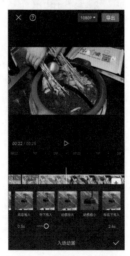
图10-104　添加入场动画

图10-105　点击"不透明度"按钮

步骤16 在弹出的界面中向左拖动滑块，调整不透明度为0，点击☑按钮，如图10-106所示。

步骤17 为所有的视频素材添加"火锅"音效，如图10-107所示。

步骤18 在一级工具栏中点击"滤镜"按钮⧉，然后点击"影视级"分类，选择"蓝灰"滤镜，拖动滑块调整滤镜强度为75，点击✓按钮，效果如图10-108所示。调整滤镜长度，使其覆盖整个视频，最后导出视频。

图10-106　调整不透明　　　图10-107　添加音效　　　图10-108　添加滤镜

10.3　剪辑好物推荐短视频

下面剪辑一条好物推荐短视频，展示花茶的茶汤、包装细节、配料、使用方法等。在剪辑时，使用剪映的"文本朗读"功能生成解说语音，并根据该语音对视频素材进行剪辑，然后对视频进行调色并添加相应的字幕。

↘ 10.3.1　粗剪视频

下面将拍摄的视频素材依次导入剪映，设置画面比例，并对视频素材进行重新构图，然后删除视频素材中多余的部分，具体操作方法如下。

视频

粗剪视频

步骤 **01** 打开剪映App，点击"开始创作"按钮 ▶ 开始创作，如图10-109所示。

步骤 **02** 进入"添加素材"界面，依次选择要添加的8个视频素材，然后点击"添加"按钮，如图10-110所示。

步骤 **03** 进入视频剪辑界面，在工具栏中点击"比例"按钮 ▣，如图10-111所示。

步骤 **04** 在弹出的界面中选择"9∶16"选项，如图10-112所示。

步骤 **05** 在轨道上选中第一个视频素材，在预览区域用两指向外拉伸，放大画面至全屏，如图10-113所示。

步骤 **06** 采用同样的方法，调整其他视频素材画面大小，如图10-114所示。

步骤 **07** 在调整"视频5"素材（展示花茶配料）时，由于要展示整个圆盘，不能将视频

画面调至全屏。将时间指针定位到视频素材上，在一级工具栏中点击"背景"按钮，
如图10-115所示。

步骤 **08** 在弹出的界面中点击"画布模糊"按钮，选择所需的模糊程度，然后点击
按钮，如图10-116所示。

步骤 **09** 使用"分割"功能将视频素材中不需要的片段进行分割并删除。"视频6"素材
为从小包装袋中取出茶包并放入杯中，然后往杯中注水。在茶包刚放入杯中的位置和往
杯中注水前的位置分别分割素材，然后选择中间分割出的素材，点击"删除"按钮，
如图10-117所示。

图10-109　点击"开始创作"按钮

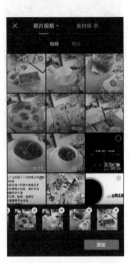

图10-110　添加素材

图10-111　点击"比例"按钮

图10-112　选择比例

图10-113　放大视频画面

图10-114　调整其他视频画面

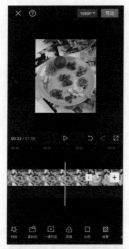 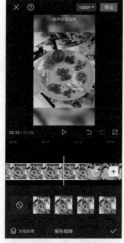 

图10-115 点击"背景"按钮　图10-116 设置背景模糊　图10-117 分割并删除多余片段

10.3.2　添加音频并精剪视频

下面使用"文本朗读"功能为视频制作语音解说音频，并根据语音解说音频修剪视频素材的长度，然后为视频添加合适的背景音乐，具体操作方法如下。

视频

添加音频并精剪视频

步骤01 返回剪辑功能界面，点击"开始创作"按钮 **+ 开始创作**，在弹出的界面上方点击"素材库"选项，点击"热门"标签，选择透明素材，然后点击"添加"按钮，如图10-118所示。

步骤02 设置背景为纯色背景，点击"文字"按钮**T**，然后点击"新建文本"按钮**A+**，如图10-119所示。

步骤03 在弹出的界面中输入文本，并设置文本样式，点击**☑**按钮，如图10-120所示。

图10-118 添加透明素材　图10-119 点击"新建文本"按钮　图10-120 编辑文本

步骤 04 选中文本，点击"文本朗读"按钮，如图10-121所示。

步骤 05 在弹出的界面中选择所需的音色，此处选择"小姐姐"女声音色，然后点击✓按钮，如图10-122所示。

步骤 06 返回一级工具栏，点击"音频"按钮，即可查看生成的语音解说音频。调整主轨道上透明素材的长度，使其与音频长度保持一致，调整文本素材的长度，使其与音频长度保持一致，然后点击"导出"按钮导出视频，如图10-123所示。

图10-121 点击"文本朗读"按钮　　图10-122 选择音色　　图10-123 调整素材长度

步骤 07 打开剪辑项目，点击"音频"按钮，然后点击"提取音乐"按钮，如图10-124所示。

步骤 08 选中导出的视频，点击"仅导入视频的声音"按钮仅导入视频的声音，如图10-125所示。

步骤 09 此时即可将语音音频导入轨道中，调整语音音频的开始位置，然后根据语音中每一句话的内容修剪视频素材的长度，如图10-126所示。

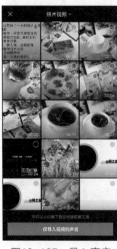

图10-124 点击"提取音乐"按钮　　图10-125 导入声音　　图10-126 根据语音修剪视频素材

步骤10 点击第一个和第二个视频素材之间的"转场"按钮⬜，在弹出的界面中选择"叠化"转场，拖动滑块调整时长为0.5秒，点击✅按钮，如图10-127所示。然后继续根据语音修剪其他视频素材。

步骤11 选中"视频4"素材，点击"变速"按钮⟳，如图10-128所示。

步骤12 在弹出的界面中点击"常规变速"按钮↗，拖动滑块，调节速度为0.7x，然后点击✅按钮，如图10-129所示。

图10-127 选择"叠化"转场　图10-128 点击"变速"按钮　　图10-129 调整速度

步骤13 选中最后一个视频素材，点击"动画"按钮▶，如图10-130所示。

步骤14 在弹出的界面中点击"入场动画"按钮➡，选择"缩小"动画效果，拖动滑块调整时长为1.2秒，点击✅按钮，如图10-131所示。

步骤15 将时间指针移至最左侧，开始为视频素材添加背景音乐。在"音乐库"中选择"轻快"类型中的"Peace"音乐，点击"使用"按钮，如图10-132所示。

图10-130 点击"动画"按钮　图10-131 设置入场动画　　图10-132 选择背景音乐

步骤 16 选中添加的背景音乐，点击"音量"按钮 ◀┃┃，如图10-133所示。

步骤 17 在弹出的界面中向左拖动滑块，减小音量为25，这样对语音解说不会造成干扰，点击 ✓ 按钮，如图10-134所示。

步骤 18 修剪背景音乐的结束位置，使其与视频素材长度保持一致。点击"淡化"按钮 ▐▐，在弹出的界面中调整淡出时长，然后点击 ✓ 按钮，如图10-135所示。

图10-133　点击"音量"按钮　　　　图10-134　调整音量　　　　图10-135　调整淡出时长

↘ 10.3.3　视频调色

下面对视频进行调色，使各镜头色彩明亮通透，具体操作方法如下。

视频

视频调色

步骤 01 将时间指针定位到合适的位置，在一级工具栏中点击"调节"按钮 ▱，如图10-136所示。

步骤 02 弹出"调节"界面，点击"亮度"按钮 ☼，拖动滑块，调整亮度为10，效果如图10-137所示。

步骤 03 点击"对比度"按钮 ◐，拖动滑块，调整对比度为15，效果如图10-138所示。

步骤 04 点击"饱和度"按钮 ◌，拖动滑块，调整饱和度为15，效果如图10-139所示。

步骤 05 点击"光感"按钮 ◓，拖动滑块，调整光感为20，效果如图10-140所示。

步骤 06 点击"阴影"按钮 ◒，拖动滑块，调整阴影为15，效果如图10-141所示。

步骤 07 点击"曲线"按钮 ∫，在弹出的界面中点击"亮度"按钮 ▢，添加两个控制点，调整曲线，增加阴影区的亮度，如图10-142所示。

步骤 08 点击"红色"按钮 ■，进入红色曲线界面，添加一个控制点并增加红色，如图10-143所示。

步骤 09 点击"绿色"按钮 ◍，进入绿色曲线界面，添加两个控制点，调整曲线，增加阴影区的绿色，如图10-144所示。点击 ◉ 按钮退出曲线界面，点击 ✓ 按钮完成调色。

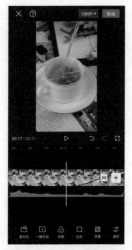

图10-136 点击"调节"按钮

图10-137 调整亮度

图10-138 调整对比度

图10-139 调整饱和度

图10-140 调整光感

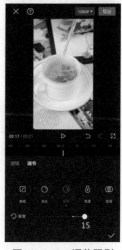

图10-141 调整阴影

步骤⑩ 在一级工具栏中点击"滤镜"按钮 ，在弹出的界面中点击"基础"分类，选择"去灰"滤镜，拖动滑块调整滤镜强度为60，点击 按钮，效果如图10-145所示。

步骤⑪ 分别调整"调节"和"滤镜"的长度，使其覆盖整个视频素材，然后拖动时间指针预览调色效果，并对效果不满意的视频素材进行单独调色。选中"视频5"素材，点击"调节"按钮 ，如图10-146所示。

步骤⑫ 在弹出的界面中点击"亮度"按钮 ，向右拖动滑块增加亮度为30，然后点击 按钮，效果如图10-147所示。

图10-142　调整亮度曲线

图10-143　调整红色曲线

图10-144　调整绿色曲线

图10-145　应用"去灰"滤镜

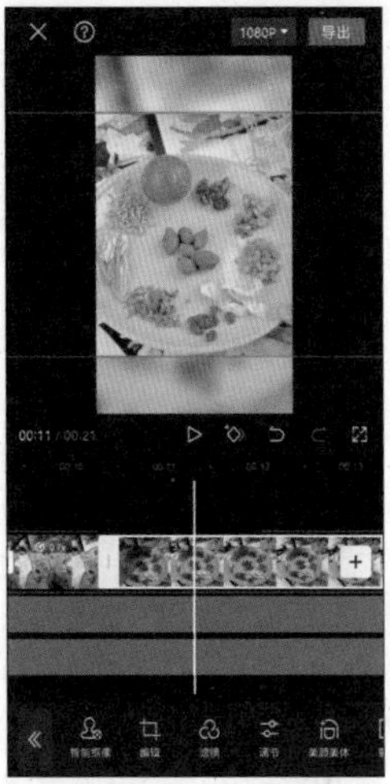

图10-146　点击"调节"按钮

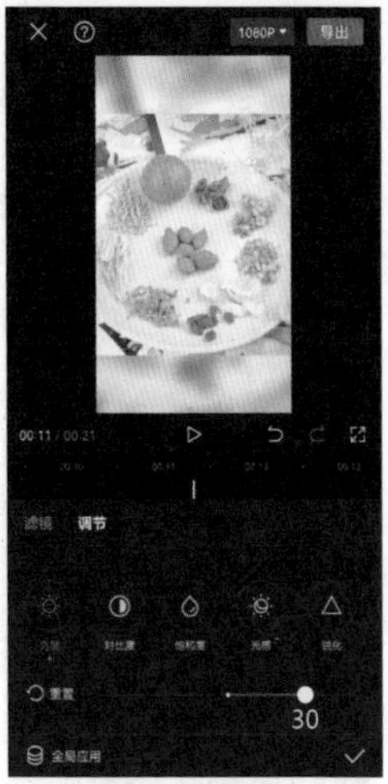

图10-147　增加亮度

↘ 10.3.4　添加字幕

下面为视频添加字幕，包括语音解说字幕和标题字幕，具体操作方法如下。

步骤 **01** 在一级工具栏中点击"音频"按钮 ，进入音频轨道，将时间指针定位到音频的开始位置，如图10-148所示。

步骤 **02** 在一级工具栏中点击"画中画"按钮 ，然后点击"新增画中画"按钮 ，如图10-149所示。

步骤 **03** 在打开的界面中导入前面导出的音频，如图10-150所示。

步骤 **04** 在一级工具栏中点击"文字"按钮 ，然后点击"识别字幕"按钮 ，如图10-151所示。

视频

添加字幕

步骤 **05** 在弹出的界面中点击"开始识别"按钮 开始识别，识别完成后点击 ✓ 按钮，如图10-152所示。

步骤 **06** 删除导入的画中画视频素材。查看自动识别的字幕，选中字幕，点击"批量编辑"按钮 ✍，如图10-153所示。

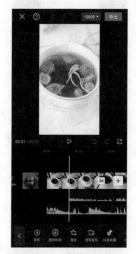

图10-148　定位时间指针

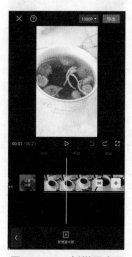

图10-149　新增画中画

图10-150　导入音频

图10-151　点击"识别字幕"
按钮

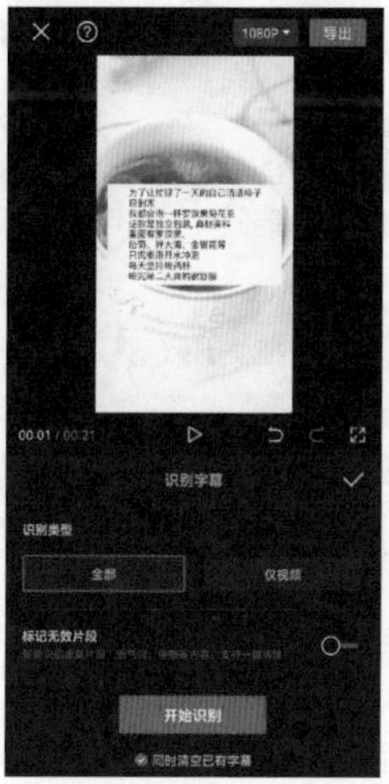

图10-152　点击"开始识别"
按钮

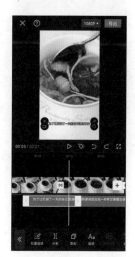

图10-153　点击"批量编辑"
按钮

步骤 **07** 在弹出的界面中对自动识别的字幕进行快速编辑，点击文本即可快速跳转到相应的位置，再次点击文本可以修改文本，如图10-154所示。

步骤 **08** 选中文本，点击"编辑"按钮 Aa，在弹出的界面中点击"样式"标签，选择所需的文本样式，然后点击 ✓ 按钮，如图10-155所示。

步骤 **09** 将时间指针定位到最左侧，点击"文字"按钮 T，然后点击"文字模板"按钮，在弹出的界面中点击"片头标题"标签，选择所需的模板并修改文字，然后点击 ☑ 按钮，如图10-156所示。

图10-154　选择并修改字幕　　　图10-155　选择文本样式　　　图10-156　应用文字模板

课后练习

1. 打开"素材文件\第10章\课后练习\探店"文件，使用提供的视频素材制作一条探店短视频。

关键操作：根据音乐节奏对视频素材进行合适的曲线变速，对方向不一致的视频素材进行倒放，根据镜头相似性设计转场，利用蒙版和关键帧功能制作片尾文字出现效果。

2. 打开"素材文件\第10章\课后练习\好物"文件，使用提供的视频素材制作一条好物推荐短视频。

关键操作：对视频进行粗剪，对前两个视频进行曲线变速调整，分离"视频11"素材原声并添加音效，对视频进行统一调色，添加并设置字幕格式。